Band 18 · Oktober 1982 **10**

isotopenpraxis

AKADEMIE-VERLAG

ISSN 0021–1915 Isotopenpraxis, Berlin 18 (1982) 10, 349–372

EVP 9,– M 32036

An unsere Autoren

Die Zeitschrift veröffentlicht Beiträge zu folgenden Themen: Kontrolle und Analyse radioaktiver und stabiler Isotope, Anwendung radioaktiver und stabiler Isotope in allen Gebieten der Forschung und Technik, der Industrie, Landwirtschaft und Medizin, Herstellung radioaktiver und stabiler Isotope sowie von markierten Verbindungen, kernelektronische Geräte für die Isotopenanwendung (Dickenmesser, Dichtemesser u. ä.) Detektoren für isotopentechnische Arbeiten und den Strahlenschutz in Isotopenlaboratorien, Meßtechnik und Strahlenschutz, Dosimetrie in Isotopenlaboratorien, kerntechnische Geräte für die Isotopenanwendung (Beton, Bestrahlungsanlagen u. ä.), Strahlenchemie, Radiochemie, ökonomische und perspektivische Fragen, Fragen der Weiterbildung.

1. Aufnahme von Manuskripten

Zur Veröffentlichung angenommen werden nur druckreife, noch nicht anderweitig publizierte Beiträge in deutscher, englischer oder russischer Sprache zum Themenbereich der Zeitschrift und zwar

- Originalarbeiten
- Kurze Originalmitteilungen
- Aus der Praxis
- Zusammenfassende Berichte
- Tagungsberichte
- Informationen.

Sind der Beitrag oder Teile daraus bereits veröffentlicht oder ist eine anderweitige Veröffentlichung vorgesehen, so muß dies der Redaktion mit genauer Angabe der Zweitveröffentlichung mitgeteilt werden. Mit der Annahme des Manuskriptes behält sich der Verlag das Recht der Vervielfältigung, Verbreitung und Übersetzung innerhalb der gesetzlichen Schutzfrist vor. Auszugsweiser Nachdruck oder photomechanische u. a. Wiedergabe sind an eine zugsweiser Nachdruck oder photomechanische u. a. Wiedergabe sind an eine schriftliche Genehmigung des Verlages gebunden. Manuskripte, Zeichnungen und Photos von veröffentlichten Arbeiten werden nur auf den besonderen und bis zum Zeitpunkt der Veröffentlichung mitgeteilten Wunsch des Autors zurückgesandt.

Bei der unverlangten Einreichung von Manuskripten wird empfohlen, eine Befürwortung eines der Herausgeber oder Redaktionsausschußmitglieder beizufügen.

Manuskripte sind einzureichen bei der Redaktion, 1086 Berlin, Leipziger Str. 3–4

2. Form der Manuskripte

Die Autoren werden gebeten:

2 Manuskripte, eines davon in Original-Maschinenschrift, einseitig und mit 2zeiligem Abstand einzureichen; gut leserliche Photokopien sind zulässig; auf dem 1. Blatt (unter Weglassung der Bezeichnung)

den Titel der Arbeit
Vorname-Initialen und Namen sämtlicher Autoren
gegebenenfalls die Institution, in der sie tätig sind
eine kurze Zusammenfassung der Arbeit von höchstens 15 Zeilen
Keywords in alphabetischer Reihenfolge und
als Fußnote die Anschrift der Institution anzugeben;

wenn möglich, auf gesonderten Blättern Namen, Titel der Arbeit und Zusammenfassung in den beiden anderen obengenannten Sprachen 2fach beizufügen;

Literaturhinweise (fortlaufend numeriert), Fußnoten, Tabellen, Abbildungen (in 2–3facher Veröffentlichungsgröße), Abbildungsunterschriften (getrennt von den Abbildungen, mit Zeichenerklärungen, Quellenangaben, falls erforderlich, und gegebenenfalls mit einem Vermerk für besondere Wünsche bezüglich der Abbildungsgröße), private und Dienstanschrift der Verfasser mit akademischen Titeln und ausgeschriebenen Vornamen uaf besonderen Blättern ans Ende des Manuskriptes zu stellen;

Wünsche für den Kolumnentitel (Seitenüberschrift) bekanntzugeben;

Absätze durch Einzüge von mindestens 3 Anschlägen kenntlich zu machen; die Maßeinheiten des SI-Systems ("Systeme International") zu verwenden; Korrekturen im Manuskript unmittelbar an der zu korrigierenden Stelle anzubringen;

Formeln deutlich lesbar und möglichst groß einzutragen;

Farbabbildungen und nachträgliche Änderungen oder Ergänzungen in Abbildungen zu vermeiden;

hervorzuhebende Textstellen zu unterstreichen, und zwar halbfetten Satz mit einer geraden schwarzen Linie, kursiven Satz (Schrägschrift) mit einer blauen Wellenlinie (alle Eigennamen). Sperrungen gestrichelt;

besondere Buchstaben durch farbige Unterstreichung zu kennzeichnen, und zwar Formelzeichen in

Griechisch-Kursiv (α, β, ...) rot,
Kursiv (A, B, ...) blau
halbfetter Kursiv ($\boldsymbol{A}$, $\boldsymbol{B}$, ...) 2 Linien blau (Vektoren),
halbfetter Grotesk (**A**, **B**, ...) 2 Linien violett (Tensoren);

bei Literaturangaben auf Vollständigkeit zu achten. In nachstehender Reihenfolge müssen angegeben sein:

a) bei *Zeitschriften*: Vorname-Initialen und Namen sämtlicher Autoren, Titel der Zeitschrift (nach „Periodica Chimica" oder möglichst wenig gekürzt), Bandnummer (unterstrichen), Jahreszahl (in Klammern), Heftnummer (nur bei Zeitschriften, die jedes Heft mit S. 1 beginnen) sowie die Seitenzahl, auf der die zitierte Arbeit beginnt.

b) Bei *Büchern*: Initialen der Vornamen und Name des Autors (Herausgeber werden durch den Zusatz „ed." gekennzeichnet), voll ausgeschriebener Titel des Buches in der Originalsprache, evtl. Bandnummer, voll ausgeschriebener Name des Verlages, Nummer der Auflage (außer der ersten), Erscheinungsort(e), Erscheinungsjahr (hier nicht in Klammern setzen!) und evtl. Kapitelnummer, Seitenzahl u. ä.

c) bei *Sammelbänden, Tagungsberichten*: Es soll zusätzlich der Titel des zitierten Beitrags angegeben werden. Die Seitenzahl muß unbedingt angegeben werden. Aus dem Zitat muß hervorgehen, ob es sich um einen Tagungssammelband oder um einen noch nicht veröffentlichten Vortrag handelt. Zwischen Tagungsort und Erscheinungsort des entsprechenden Tagungsberichts ist zu unterscheiden.

3. Korrekturen

Der Autor erhält zwei Umbruchabzüge, von denen einer möglichst schnell korrigiert an die Redaktion zurückgereicht werden soll. Auf Wunsch des Autors kann die Korrektur auch von der Redaktion gelesen werden.

Durch nachträgliche Manuskriptänderungen verursachte Korrekturkosten gehen, sofern sie 10% der Satzkosten übersteigen, zu Lasten des Autors.

Der Autor erhält 50 Sonderdrucke kostenlos. Weitere Sonderdrucke können bis zur Rückgabe der Korrekturabzüge auf Kosten des Autors bei der Redaktion bestellt werden.

Bezugsmöglichkeiten

Bestellungen sind zu richten

- **in der DDR** an den Postzeitungsvertrieb unter Angabe der Kundennummer des Bestellenden oder an den AKADEMIE-VERLAG, DDR-1086 Berlin, Leipziger Straße 3–4, PF-Nr. 1233
- **im sozialistischen Ausland** an eine Buchhandlung für fremdsprachige Literatur oder an den zuständigen Postzeitungsvertrieb
- **in der BRD und Berlin(West)** an eine Buchhandlung oder an die Auslieferungsstelle KUNST UND WISSEN, Erich Bieber OHG, D-7000 Stuttgart 1, Wilhelmstraße 4–6
- **in den übrigen westeuropäischen Ländern** an eine Buchhandlung oder an die Auslieferungsstelle KUNST UND WISSEN, Erich Bieber GmbH, CH-8008 Zürich, Dufourstraße 51
- **im übrigen Ausland** an den Internationalen Buch- und Zeitschriftenhandel; den Buchexport, Volkseigener Außenhandelsbetrieb der Deutschen Demokratischen Republik, DDR-7010 Leipzig, Postfach 160; oder an den AKADEMIE-VERLAG, DDR-1086 Berlin, Leipziger Straße 3–4

Zeitschrift „Isotopenpraxis"

Herausgeber: Im Auftrag des Akademie-Verlages herausgegeben von Prof. Dr. Justus Mühlenpfordt
Verlag: Akademie-Verlag, DDR-1086 Berlin, Leipziger Straße 3–4, PF-Nr. 1233; Fernruf: 2236221 oder 2236229; Telex-Nr.: 114420;
Bank: Staatsbank der DDR, Berlin, Kto.-Nr.: 6836-26-20712
Verantwortlich für den Inhalt des Heftes: Prof. Dr. H. Hübner, Leipzig
Anschrift der Redaktion (Fernruf Frau H. Schier: 6351177) der Zeitschrift Isotopenpraxis: Akademie-Verlag, DDR-1086 Berlin, Leipziger Str. 3–4, PF-Nr. 1233
Veröffentlicht unter der Lizenznummer 1527 des Presseamtes beim Vorsitzenden des Ministerrates der Deutschen Demokratischen Republik
Gesamtherstellung: VEB Druckerei „Thomas Müntzer", DDR-5820 Bad Langensalza
Erscheinungsweise: Die Zeitschrift „Isotopenpraxis" erscheint monatlich. Die 12 Hefte eines Jahrganges bilden einen Band. Bezugspreis je Band 180,– M zuzüglich Versandspesen (Preis für die DDR 108,– M) Preis je Heft 15,– (Preis für die DDR 9,– M)
Bestellnummer dieses Heftes: 1079/18/10

AN (EDV) 12831

ISOTOPENPRAXIS

Band 18 (1982) Heft 10, S. 349–272

Redaktion und Verlag: Akademie-Verlag, Redaktion Isotopenpraxis, DDR-1086 Berlin, Leipziger Straße 3–4

Inhaltsverzeichnis

Originalarbeiten

W. Heyne

Untersuchungen zur Trennung von Americium und Spaltproduktelementen im System Tri-n-butylphosphat/Diäthylentriaminpentaessigsäure

Isotopenpraxis 18 (1982) H. 10, S. 349 bis 355
12 Abb., 2 Tab., 22 Lit.

Durch Verteilungsmessungen an getracerten Modellösungen wird nachgewiesen, daß man durch Extraktion mit 50 %igem TBP aus einer aufkonzentrierten, vorbehandelten PUREX-Raffinatlösung eine Lanthanoidenfraktion gewinnen kann, die auch das Americium enthält. Die leichten Spaltlanthanoide (z. B. La, Ce) werden dabei teilweise zurückgehalten, während Y, Zr, Tc und Pd zum Teil mitextrahiert werden. Größere Reinigungsfaktoren werden bei der Rückextraktion in eine 2 M Mg-Nitratlösung bei pH 3 unter Zusatz von 0,05 ... 0,1 Mol/l DTPA erhalten. Als wichtige Einflußgröße erwies sich das Metall/Ligandverhältnis, das ≦1 sein muß, will man gute Ausbeuten und große Trennfaktoren erreichen. Die Elemente Y, Eu und Pd ließen sich nur unvollständig vom Am trennen.

A. S. Abdel-Gawad, N. Z. Misak, H. B. Maghrawy, A. Shafik

Säulen-Untersuchung der Sorption radioaktiver Isotope durch einige natürliche Tonmineralien (*in Englisch*)

Isotopenpraxis 18 (1982) H. 10, S. 355 bis 358
2 Abb., 5 Tab., 6 Lit.

Verschiedene Arten natürlich vorkommender Mineralien wurden im Hinblick auf die Sorption verschiedener radioaktiver Isotope untersucht. Die vorliegende Arbeit behandelt die Säulenuntersuchung der Sorption von ^{89}Sr und ^{60}Co durch vier von ihren Lagerstätten gewonnene natürliche Bentonite. Säulen mit einem Querschnitt von 1,47 cm² wurden für die Bestimmung der Durchbruchkapazitäten für Sr und Co eingesetzt. Die Anwendbarkeit der *Glueckauf*-Plattentheorie hinsichtlich dieser Systeme wurde geprüft. Es wurde festgestellt, daß HETP in bezug auf ein gegebenes System von Säulen und Kationenaustauschern konstant ist, was die Anwendbarkeit der Theorie beweist. Hieraus folgt, daß die bei den kurzen Laborsäulen erzielten Daten verwendet werden können, um das Durchbruchverhalten von längeren Säulen vorherzusagen.

A. D. Gedeonow, A. W. Malyschenkow, A. A. Nosow, W. W. Smirnow, A. K. Schmalko

Gewinnung des Radionuklids ^{93m}Nb und Schaffung einer Quelle für niederenergetische Neutronenstrahlung auf der Basis von ^{93m}Nb (*in Russisch*)

Isotopenpraxis 18 (1982) H. 10, S. 358 bis 361
2 Abb., 3 Tab., 18 Lit.

Die Ergebnisse von Versuchen zur Gewinnung des Radionuklids ^{93m}Nb ($T_{1/2}$ = 13,6 Jahre; K_xNb), das sich auf Grund der Reaktion ^{93}Nb(n, n') ^{93m}Nb bei der Bestrahlung von natürlichem Niob mit schnellen Neutronen aus einem Kernreaktor bildet, werden dargestellt. Die spezifische Aktivität des bestrahlten Niobs, hervorgerufen durch das ^{93m}Nb und identifizierten Radionuklidbeimengungen wurde ermittelt. Mit dem gewonnenen Präparat wurde eine Quelle für niederenergetische Photonenstrahlung (16,6 keV) mit einer Aktivität von 1,2 mCi, die eine Photonenausbeute von 2,3 · 10⁶ Photonen/s im 2π-Sterad sichert, hergestellt. Es handelt sich um eine für den Einsatz in der Röntgenfluoreszenzanalyse und für andere zerstörungsfreie Verfahren aussichtsreiche Quelle.

Contents

Articles

W. Heyne

Investigations on the Separation of Americium and Fission-Products in the System Tri-n-Butylphosphate/Diethylenetriaminpentaacetic Acid

Isotopenpraxis 18 (1982) No. 10, p. 349 to 355
12 Fig., 2 Tab., 22 Ref.

In distribution measurements, using a simulated and tracered waste solution, feasibility is demonstrated, to obtain a Lanthanoide fraction, which container most of the americium, by TBP extraxtion (50 %) from a concentrated and pretreated PUREX waste solution. The lighter Lanthanoids (i.e. La, Ce) are partially retained, while Y, Zr, Tc and Pd partially go into the extract.
Higher decontamination factors are obtained in the reextraction step, using 2 M Mg $(NO_3)_2$ solution at pH 3 and adding 0,05 ... 0,1 M DTPA. An important factor in reextraction is the metal/ligand ratio, which must be ≦1, if good yields and good separation factors should be obtained. Y, Eu and Pd could completely be separated from Am.

A. S. Abdel-Gawad, N. Z. Misak, H. B. Maghrawy, A. Shafik

Column Studies on the Sorption of Radioactive Isotopes by some Natural Clay Minerals (*in English*)

Isotopenpraxis 18 (1982) No. 10, p. 355 to 358
2 Fig., 5 Tab., 6 Ref.

Different types of naturally occuring minerals have been investigated in respect of the sorption of various radioisotopes. The present work deals with column studies of the sorption of ^{89}Sr and ^{60}Co on four natural bentonites, collected from localities. Columns of cross section of 1·47 cm² were used for the determination of the breakthrough capacities for both Sr and Co. The applicability of *Glueckauf* plate theory to the systems was tested. It was found that HETP is constant for a given system of column and cationic species, which proves the applicability of the theory. From this, it follows that the data obtained for the short laboratory columns can be used to predict the breakthrough behavior for longer columns.

A. D. Gedonov, A. W. Malyshenkov, A A. Nosov, W. W. Smirnov, A. K. Shmalko

The production of the Radionuclide ^{93m}Nb and the Creation of a Low-Energy Neutron Radiation Source on the Basis of ^{93m}Nb (*in Russian*)

Isotopenpraxis 18 (1982) No. 10, p. 358 to 361
2 Fig., 3 Tab., 18 Ref.

The results of experiments performed to produce the radionuclide ^{93m}Nb ($T_{1/2}$ = 13·6 years; K_xNb), which arises through the reaction ^{93}Nb(n, n') ^{93m}Nb when natural niobium is irradiated with fast reactor neutrons, are presented. The specific activity of irradiated niobium due to ^{93m}Nb and to identified radionuclide admixtures was determined. The gained preparation was used to prepare a low-energy photon-radiation source (16·6 keV) having an activity of 1·2 mCi and ensuring a photon yield of 2·3 · 10⁶ photons/s. in the 2π-steradian. The source is perspective for roentgen fluorescence analysis and other non-destructive techniques.

S. M. Dave, N. C. Goomer, K. Srinivasa, S. K. Ghosh, H. K. Sadhukhan

Isotopenaustausch zwischen Monomethylamin und Wasserstoff
I. Mitt. Ermittlung der Trennfaktoren (*in Englisch*)

Isotopenpraxis 18 (1982) H. 10, S. 362 bis 365
3 Abb., 3 Tab., 18 Lit.

Die Deuterium-Trennfaktoren wurden im Zusammenhang mit dem Monomethylamin-Wasserstoff-Austauschprozeß unter Verwendung sowohl von Metallsystemen als auch von Glassystemen über einen Temperaturbereich von −70 °C bis +55 °C und bei Drücken von 0,5 bis 100 bar gemessen. Während dieser Untersuchungen wurde das Methylamin in flüssiger Phase gehalten. Es wurde festgestellt, daß sich die gemessenen Werte in guter Übereinstimmung mit den theoretischen Werten der Trennfaktoren befanden.

S. M. Dave, N. C. Goomer, K. Srinivasa, S. K. Ghosh, H. K. Sadhukhan

Isotopic Exchange between Monomethylamine and Hydrogen
I. Determination of Separation Factors (*in English*)

Isotopenpraxis 18 (1982) No. 10, p. 362 to 365
3 Fig., 3 Tab., 18 Ref.

Deuterium separation factors for the monomethylamine-hydrogen exchange process have been measured over a temperature range of −70 to +55 °C and pressures from 0·5 to 100 bar using metal as well as glass systems. During these studies, methylamine was kept in the liquid phase. These measured values have been found to be in very good agreement with the theoretical values of the separation factors.

T. Szabová, A. Dudová, E. Mišurová

Einfluß von Röntgenstrahlung auf die Synthese und den Gehalt der Nukleinsäuren in Milz und Knochenmark von Ratten

Isotopenpraxis 18 (1982) H. 10, S. 366 bis 369
5 Abb., 2 Tab., 13 Lit.

Nach einmaliger Bestrahlung mit der Dosis 154,8 mC/kg (600 R) wurden die quantitativen Veränderungen der Nukleinsäuren 7 Tage lang verfolgt und außerdem das ^{3}H-Thymidin und die ^{14}C-Orotsäure „in vivo" in der Milz und im Knochenmark untersucht. Es konnte festgestellt werden, daß in den blutbildenden Organen − in der Milz und im Knochenmark −, die eine große wuchernde Aktivität haben, große Veränderungen in allen untersuchten Kennziffern eingetreten sind. Das Ausmaß der Nukleinsäureschädigung korreliert nicht nur mit der wuchernden Aktivität, sondern auch mit der DNS-Konzentration im Organ. Die DNS-Veränderungen waren wesentlich größer als die Veränderungen der RNS.

T. Szabová, A. Dudová, E. Mišurová

The Effect of X-Ray Radiation on the Synthesis and Content of Nucleic Acids in the Spleen and Bone Marrow of Rats

Isotopenpraxis 18 (1982) No. 10, p. 366 to 369
5 Fig., 2 Tab., 13 Ref.

The quantitative changes of nucleic acids and the incorporation of ^{3}H-Thymidine and ^{14}C-orotic acid "in vivo" in the spleen and bone marrow have been studied, during seven days after the single irradiation with 154·8 mC/g (600 R) dosis. It was found, that in the blood-forming organs − spleen and bone marrow, that have a high proliferative activity, the changes of all indicators were very great.
The extent of damage corelates not only with the proliferative activity, but also with the concentration of DNA in the organ. Changes of DNA were greater as those of RNA.

Kurze Originalmitteilungen

R. Reinhardt, H. Faust, J. Schauer

Zur Bestimmung des Residualvolumens der Lunge mit ^{15}N

Isotopenpraxis 18 (1982) H. 10, S. 370 bis 371
1 Abb., 1 Tab., 6 Lit.

Letters to the Editor

R. Reinhardt, H. Faust, J. Schauer

On the Determination of the Residual Volume in Lungs by Means of ^{15}N

Isotopenpraxis 18 (1982) No. 10, p. 370 to 371
1 Fig., 1 Tab., 6 Ref.

Buchbesprechungen

Isotopenpraxis 18 (1982) H. 10, S. 371 bis 372

New Books

Isotopenpraxis 18 (1982) No. 10, p. 371 to 372

Untersuchungen zur Trennung von Americium und Spaltproduktelementen im System Tri-n-butylphosphat/Diäthylentriaminpentaessigsäure

W. Heyne

(Zentralinstitut für Kernforschung der Akademie der Wissenschaften der DDR)[1])

Durch Verteilungsmessungen an getracerten Modellösungen wird nachgewiesen, daß man durch Extraktion mit 50%igem TBP aus einer aufkonzentrierten, vorbehandelten PUREX-Raffinatlösung eine Lanthanoidenfraktion gewinnen kann, die auch das Americium enthält. Die leichten Spaltlanthanoide (z.B. La, Ce) werden dabei teilweise zurückgehalten, während Y, Zr, Tc und Pd zum Teil mitextrahiert werden.
Größere Reinigungsfaktoren werden bei der Rückextraktion in eine 2 M Magnesiumnitratlösung bei pH 3 unter Zusatz von 0,05 ... 0,1 Mol/l DTPA erhalten. Als wichtige Einflußgröße erwies sich das Metall/Ligandverhältnis, das ≤ 1 sein muß, will man gute Ausbeuten und große Trennfaktoren erreichen. Die Elemente Y, Eu und Pd ließen sich nur unvollständig vom Am trennen.

Keywords

americium; DTPA; separation processes; solvent extraction; TBP; waste processing

1. Einleitung

Für die Abtrennung der Transplutoniumelemente Americium und Curium aus den hochaktiven Abfallösungen der chemischen Kernbrennstoffwiederaufbereitung gibt es im wesentlichen zwei Beweggründe [1]:

1) Die Isolierung dieser langlebigen hochtoxischen, α-strahlenden Nuklide von den übrigen Abfallstoffen zum Zwecke der Verminderung des Langzeitrisikos bei der Endlagerung [2, 3],
2) Die selektive Gewinnung dieser Stoffe mit dem Ziel der volkswirtschaftlichen Nutzung in Form von Energie- und Strahlenquellen sowie zum Aufbau höherer Transplutoniumelemente [4, 5].

Sowohl die anzustrebenden Ausbeuten als auch die angewendeten Verfahren sind von dieser Zielstellung abhängig. Die nachfolgend beschriebenen Verteilungsuntersuchungen sollten in Verbindung mit Literaturdaten die Grundlage zur Entwicklung eines Abtrennverfahrens im Sinne der letztgenannten Aufgabe liefern. Über Versuche zur Übertragung der experimentellen Ergebnisse in den Maßstab einer Laborapparatur soll in einer nachfolgenden Arbeit berichtet werden.

Die aus dem PUREX-Prozeß stammende aufkonzentrierte Raffinatlösung stellt ein Vielstoffgemisch etwa folgender Zusammensetzung dar: 3 Mol/l Salpetersäure, 0,6 Mol/l Spaltprodukte (davon 0,24 Mol/l Lanthanoide + Y), 0,16 Mol/l Edelmetalle (Pd, Rh, Ru + Tc), 0,007 Mol/l Korrosionsprodukte (Fe, Cr, Ni) und 0,009 Mol/l Actinoide (davon 0,07 Mol/l Am + Cm und 0,002 Mol/l Reste von U, Np, Pu).

Infolge der großen chemischen Ähnlichkeit der Actinoide (Mikrokomponente) mit den Lanthanoiden (Makrokomponente) ist es nur durch eine stufenweise Anreicherung über mehrere Verfahrensschritte möglich, ein Actinoidenkonzentrat und daraus schließlich die reinen Elementverbindungen des Am und Cm zu erhalten. Von den drei vorgesehenen Trennschritten 1) Extraktion, 2) Rückextraktion und 3) chromatographische Feintrennung soll dabei jeder möglichst effektiv zum Gesamttrenneffekt beitragen. In der vorgelegten Arbeit werden die Ergebnisse der Messungen zu den beiden extraktiven Teilschritten dargestellt. Für die Untessuchungen wurde das Extraktionssystem Tri-n-butylphosphat (TBP)-n-Alkan/Salpetersäure-Nitrat („Aussalzer")-Diäthylentriaminpentaessigsäure (DTPA) ausgewählt.

2. Experimenteller Teil

2.1. *Materialien*

Als Extraktionsmittel verwendeten wir Tri-n-butylphosphat, rein (Reachim, UdSSR), das nur durch Waschen mit Alkali und destilliertem Wasser gereinigt wurde. Das Verdünnungsmittel „Parexparaffin" (PP) ist ein n-Alkan der Kettenlänge C_9 ... C_{13} aus dem VEB Petrolchemisches Kombinat Schwedt (DDR). Alle anderen Chemikalien waren analysenrein. Als Tracer benutzten wir folgende Nuklide der Isocommerz GmbH Berlin, die meist in Form der Nitrate zum Einsatz kamen: ^{51}Cr, ^{59}Fe, ^{89}Sr, ^{90}Y, ^{91}Y, ^{95}Zr/^{95}Nb, ^{99}Mo/^{99m}Tc, ^{103}Pd, ^{103}Ru, ^{137}Cs, ^{140}Ba/^{140}La, ^{141}Ce, ^{144}Ce, ^{152}Eu, ^{154}Eu sowie ^{241}Am.

Zur Simulierung einer aufkonzentrierten PUREX-Abfallösung verwendeten wir eine wäßrige Modellösung, deren Zusammensetzung der Tabelle 1 zu entnehmen ist. Eine ähnlich zusammengesetzte organische Modellösung wurde für die Rückextraktionsversuche eingesetzt. Die gleichen Lösungen wurden für die „Tracerversuche" im Verhältnis 1:100 verdünnt benutzt.

Die Elemente U, Np und Pu sind in der Modellösung nicht enthalten und die Elemente Mo und Zr nur in herabgesetzter Menge. Da diese Elemente bereits in einem der Extraktion vorausgehenden Verfahrensschritt abgetrennt werden sollen, spielten sie bei unseren Extraktionsuntersuchungen praktisch keine Rolle.

[1]) Anschrift: 8051 Dresden, PSF 19

Tab. 1. Zusammensetzung der Modellösungen (Konzentrationen in Mol/l)

Verbindung	organische Lösung (50% TBP-PP)	wäßrige Lösung (H_2O)
$RbNO_3$	—	0,012
$Sr(NO_3)_2$	—	0,028
$Y(NO_3)_3 \cdot 6\,H_2O$	0,020	0,014
$ZrO(NO_3)_2 \cdot 2\,H_2O$	0,003	0,065
$Na_2MoO_4 \cdot 2\,H_2O$	0,001	0,010
$Ru(NO_3)_3$	0,001	0,070
$Pd(NO_3)_2 \cdot 2\,H_2O$	0,008	0,043
$AgNO_3$	—	0,002
$Cd(NO_3)_2$	—	0,004
H_2TeO_4	—	0,013
$CsNO_3$	0,0001	0,058
$Ba(NO_3)_2$	—	0,015
$La(NO_3)_3 \cdot 6\,H_2O$	0,040	0,030
$Ce(NO_3)_3 \cdot 6\,H_2O$	0,050	0,055
$Pr(NO_3)_3 \cdot 6\,H_2O$	0,043	0,028
$Nd(NO_3)_3 \cdot 6\,H_2O$	0,132	0,087
$Sm(NO_3)_3 \cdot 6\,H_2O$	0,040	0,020
$Eu(NO_3)_3 \cdot 6\,H_2O$	0,010	0,005
$Fe(NO_3)_3 \cdot 9\,H_2O$	0,001	0,050
$Cr(NO_3)_3 \cdot 9\,H_2O$	—	0,012
$Ni(NO_3)_2 \cdot 6\,H_2O$	—	0,004
$Al(NO_3)_3 \cdot 9\,H_2O$	—	0,001
HNO_3	0,050	0,200

2.2. *Versuchsdurchführung*

Die Gleichgewichtsuntersuchungen führten wir als Schüttel- oder Rührversuch durch. Geschüttelt wurden je 2 ml organische und wäßrige Phase 10 Minuten (Extraktion) bzw. 30 Minuten (Rückextraktion) in einem Glasröhrchen mit Polyäthylenstopfen. Nach der Phasentrennung erfolgte die Probennahme mittels Mikropipette (je 1 ml). Bei den Versuchen mit pH-Kontrolle wurden je 20 ml im Becherglas mit dem Magnetrührer emulgiert Die Kontaktzeit betrug 30 ... 60 Minuten bei Raumtemperatur (22 $\pm$ 2 °C).

2.3. *Analytik*

Die Analyse der Meßproben erfolgte γ-spektrometrisch mit einem Ge(Li)-Detektor und 4000-Kanal-Analysator (ZfK Rossendorf).

Salpetersäure wurde alkalimetrisch mit potentiometrischer Endpunktkontrolle titriert, in der wäßrigen Phase direkt, in der organischen Phase nach Rückextraktion. Störende Elemente komplexierten wird durch Zugabe von Oxalat und/oder Fluorid. Die pH-Messung erfolgte in der Emulsion mittels Glaselektrode und Digitalvoltmeter.

3. Ergebnisse und Diskussion

3.1. *Extraktion mit TBP (Tracerkonzentrationen)*

Die TBP-Extraktion von Nitraten erfolgt unter Bildung nichthydratisierter neutraler Solvate, die z.B. in Normalkohlenwasserstoffen löslich sind, nach der Reaktionsgleichung [6, 7]

$$M^{p+}_{(w)} + pNO^-_{3(w)} + qTBP_{(0)} \rightleftharpoons M(NO_3)_p \cdot qTBP_{(0)} \quad (1)$$

Daraus erhält man für die stöchiometrische Gleichgewichtskonstante

$$\tilde{K} = \frac{(M(NO_3)_p \cdot qTBP)}{(M^{p+})\,(NO_3^-)^p\,(TBP)^q} \quad (2)$$

und für den Verteilungskoeffizienten für ein Metall M

$$D_M = \frac{c_{M\,(org.)}}{c_{M\,(wäßr.)}} = \tilde{K}(NO_3^-)^p \cdot (TBP)^q \quad (3)$$

Aus (3) folgt, daß der Verteilungskoeffizient eine Funktion der Konzentrationen an Nitrationen in der wäßrigen Phase und an „freiem" Extraktionsmittel in der organischen Phase ist. In Lösungen, die mehr als Tracermengen enthalten, nimmt die Konzentration an freiem Extraktionsmittel mit wachsendem „Beladungsgrad" ab, wobei auch die Salpetersäure als Konkurrent um das Extraktionsmittel auftritt.

Dabei wird zunächst angenommen daß keine Abweichungen vom idealen Verhalten auftreten. Bestimmt man z.B. die Abhängigkeit der Verteilungskoeffizienten von der TBP-Konzentration, so muß man als Geradenanstieg die bekannten ganzzahligen Solvatationszahlen erhalten (z.B. 3 für die

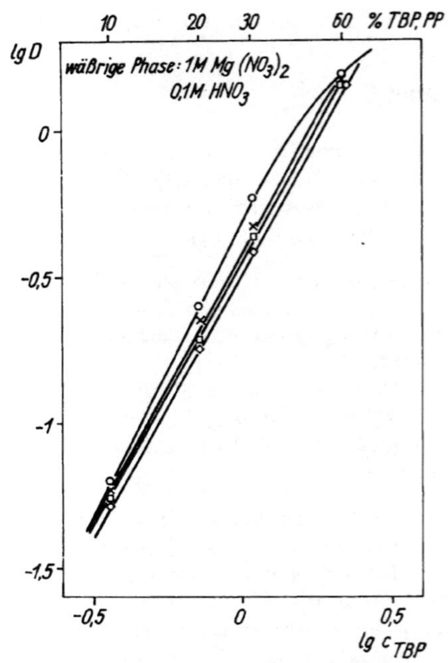

Abb. 1. Einfluß der TBP-Konzentration auf die Verteilungskoeffizienten bei der Extraktion

Lanthanoidennitrate). Aus unseren Versuchsergebnissen (Abb. 1) errechnen sich jedoch Werte um 1,8 ... 2, die sich in Übereinstimmung mit von anderen Autoren gefundenen Ergebnissen befinden [8, 14, 15]. Die Abweichungen muß man dem „nicht-idealen Verhalten", vorwiegend der organischen Phase, zuschreiben, wie es bei einer TBP-Konzentration >5 Vol.-% beobachtet wird [6, 8]. Tc wird möglicherweise als gemischter Komplex mit einem anderen Metallnitrat gemeinsam extrahiert, die z.B. mit U oder Th in der Form $M^{IV}(NO_3)_3(TcO_4) \cdot 2\,TBP$ beschrieben werden [15].

Die Metallextraktion mit TBP ist aus neutraler Lösung sehr gering, nimmt aber beim Zusatz von Salpetersäure deutlich zu (Aussalzwirkung). Erst bei einer HNO_3-Konzentration von ca. 5 M und darüber wird dieser Effekt durch andere Wirkungen, z.B. Salpetersäureextraktion und Bildung höherer Nitratkomplexe, überkompensiert [8, 23].

Anders verhält es sich, wenn durch Anwesenheit extraktionserhöhender Nitrate von vornherein höhere Verteilungskoeffizienten vorliegen. Dann bewirkt schon ein kleiner HNO_3-Zusatz eine Abnahme der Extraktion, weil die zugegebene Salpetersäure zum großen Teil in die organische Phase übergeht und dort durch Bildung des Komplexes $HNO_3 \cdot TBP$ den Gehalt an freiem Extraktionsmittel vermindert [17–19].

Wir untersuchten unter diesem Gesichtspunkt z.B. die Abhängigkeit der Pd-Extraktion von der Konzentration der wäßrigen Phase an Salpetersäure und erhielten nach Subtraktion des an HNO_3 gebundenen Anteils vom Ausgangsgehalt an TBP beim Auftragen von $\lg D_{Pd}$ über $\lg (TBP)_{frei}$ eine Gerade mit dem theoretisch zu erwartenden Anstieg $q = 2{,}0$ (Bisolvat). Einen etwas höheren Wert (2,15) fanden *K. P. Lunichkina* und Mitarbeiter durch Variation der TBP-Konzentration [19].

Wie aus den Gleichungen (2) und (3) zu erwarten, erhöht sich bei den Tracerversuchen der Verteilungskoeffizient mit wachsender Nitratkonzentration, jedoch ist der Zahlenwert der Gleichgewichtskonstante K von der Art des Aussalzerkations abhängig. Wir fanden bei der Untersuchung der Extraktion von Europiumnitrat steigende Aussalzkraft in der Reihenfolge Ca < Na < Al < Mg (Abb. 2).

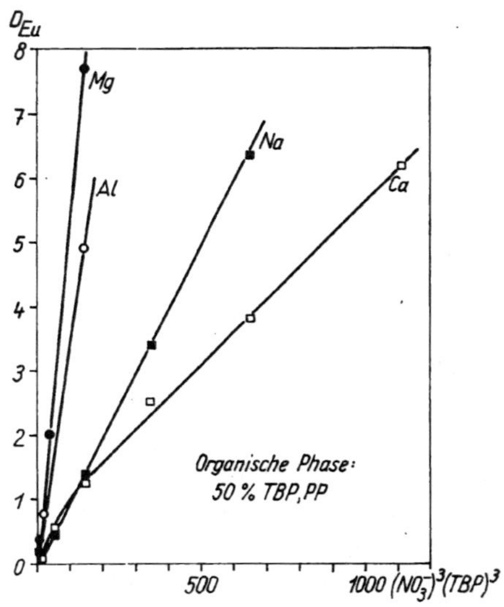

Abb. 2. Einfluß des Aussalzerkations auf die Extraktion von Tracermengen Europium

3.2. *Extraktion mit TBP (konzentrierte Lösungen)*

Die relativ gut überschaubaren Zusammenhänge bei den Tracerlösungen komplizieren sich erheblich, wenn man zu konzentrierteren Lösungen übergeht. Gleichung (3) wird dann nur für den Fall, daß kein Aussalzmittel zugesetzt worden ist, annähernd erfüllt. Dagegen treten bei Zusatz größerer Mengen an nichtextrahierbarem Nitrat große Abweichungen auf.

Den gleichzeitigen Einfluß der Konzentrationen an extrahierbarem Nitrat (z.B. Cernitrat) und nichtextrahierbarem Nitrat (z.B. Aluminiumnitrat) haben wir in Abb. 3 dargestellt. Man sieht, daß in Tracerlösungen ($c_{Ce} \approx 0$) die Extraktion stark vom Aussalzergehalt abhängt, während dieser Einfluß bei hoher Extraktionsmittelbeladung praktisch verschwindet. Noch anschaulicher gibt die „Extraktionsisotherme" (Abb. 4) den Einfluß des Grades der Extraktionsmittelbeladung (oder der „Sättigung") wieder. Die Tatsache, daß die Isothermen der unter Zuhilfenahme

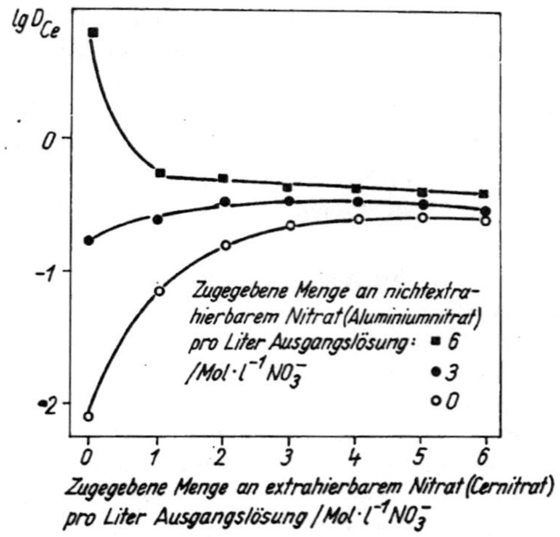

Abb. 3. Einfluß der Konzentrationen an extrahierbarem und nichtextrahierbarem Nitrat auf die Ce-Extraktion

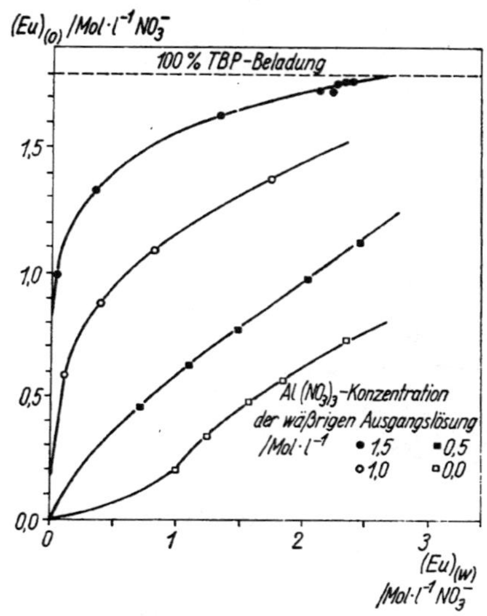

Abb. 4. Isothermen der Eu-Extraktion

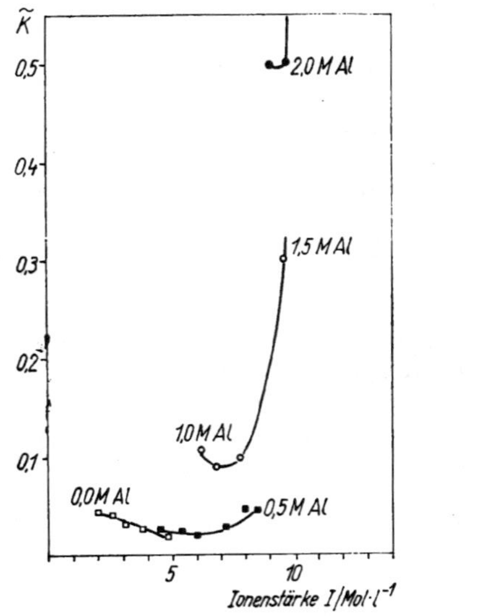

Abb. 5. Abhängigkeit der Gleichgewichtskonstanten K von der Ionenstärke der wäßrigen Phase

der theoretischen ganzzahligen Solvationszahlen berechneten Sättigungsgrenze zustreben, spricht für die Richtigkeit dieser Kurven.

Der gleich Sachverhalt ist schließlich in Abb. 5 in Form der Abhängigkeit der stöchiometrischen Gleichgewichtskonstante $\tilde{K}$ von der Ionenstärke I der wäßrigen Phase aufgetragen. Die bei hohen Ionenstärken auftretenden großen $\tilde{K}$-Werte zeigen eindrucksvoll, wie groß in konzentrierten Lösungen die Abweichungen vom idealen Verhalten werden können.

In welcher Weise der „Aussalzeffekt" auf die einzelnen Lösungsbestandteile wirkt, ist aus Abb. 6 zu erkennen. Während die Lanthanoide und das Am mit wachsendem Aluminiumnitratgehalt der wäßrigen Ausgangslösung stärker extrahiert werden, werden die Verbindungen der Elemente Zr, Tc, Pd, Mo und Ru aus der organischen Phase verdrängt. Die Korrosionsprodukte Fe und Cr sowie die Nitrate der Alkali- und Erdalkalimetalle kann man als „wenig extrahierbar" einstufen ($D < 0{,}01$). Die aus diesen Verteilungskoeffizienten berechneten Trennfaktoren steigen — wie im Falle der Tracerlösung — ebenfalls mit der Nitratkonzentration an.

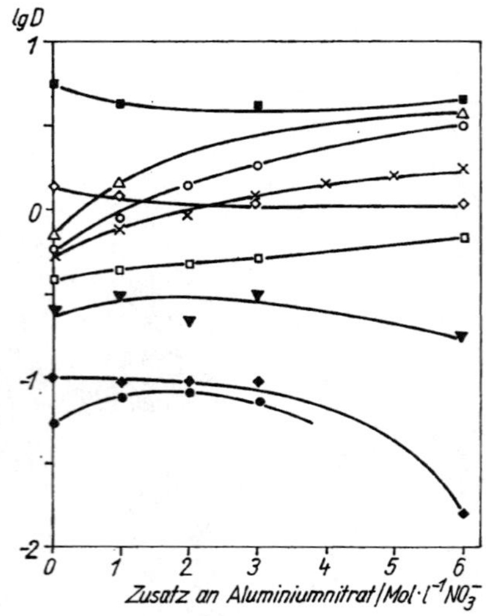

Abb. 6. Einfluß der Konzentration an Aussalzer auf die Extraktion der Spaltprodukte und des Am

Aus Abb. 6 ist erkennbar, daß sich durch TBP-Extraktion aus PUREX-Abfallösung eine Fraktion gewinnen läßt, die neben den Lanthanoiden und Actinoiden anteilmäßig die Elemente Y, Zr, Tc und Pd enthält. Die übrigen Bestandteile der Modellösung verbleiben fast vollständig in der Raffinatphase.

Hingewiesen sei noch auf die Volumenzunahme der organischen Phase infolge des Stoffübergangs bei der Extraktion sowie auf die Bildung einer zweiten organischen Phase, die von uns bei einer TBP-Sättigung von mehr als 80% boebachtet wurde. Aus der Radioaktivitätsverteilung kann man den Schluß ziehen, daß die leichte organische Phase aus annähernd reinem Verdünnungsmittel besteht, während die schwerere den Metallnitrat-TBP-Komplex enthält.

3.3. *Extraktion mit TBP (Trennfaktoren)*

Zur Erzielung möglichst guter Trennergebnisse innerhalb dieser Fraktion ist es erforderlich, zu untersuchen, welche Trennfaktoren erreicht werden können und in welcher Weise sie durch die Versuchsbedingungen zu beeinflussen sind. Hierbei ist noch zu beachten, daß sich bei industrieller Anwendung das Arbeiten mit stark verdünnten Lösungen aus Gründen der Ökonomie verbietet.

Wir untersuchten die Abhängigkeit der Verteilungskoeffizienten D und der Trennfaktoren $\beta = D_1/D_2$ für die Lanthanoidenelemente Ce und Eu sowie für das Actinoidenelement Am, indem wir die Versuchsparameter Nitratkonzentration (Aussalzerzusatz) und TBP-Beladung (durch Variation des Phasenverhältnisses P) veränderten.

Bei kleiner Extraktionsmittelbeladung ($P = 2$) steigen sowohl die Verteilungskoeffizienten als auch die Trennfaktoren mit wachsendem Aussalzergehalt (analoge Ergebnisse erhielten *Orth* und Mitarbeiter bei Tracerkonzentrationen [5]). Hingegen wird das Extraktionsverhalten im Gebiet hoher TBP-Sättigung in der Hauptsache vom Beladungsgrad des Extraktionsmittels bestimmt. Mischt man bei konstantem Phasenverhältnis organisch/wäßrig = 1 Modellösung („feed"-Lösung) und 2 M Magnesiumnitratlösung („Waschlösung") und variiert das Mischungsverhältnis von 3,0 ... 0,33, so steigen die Verteilungskoeffizienten mit der Salzkonzentration an, bei gleichzeitig abfallender Sättigung der organischen Phase (Abb. 7a). Die Trennfaktoren zum Am fallen dagegen trotz steigender Nitratkonzentration (Abb. 7b), steigen jedoch bezogen auf steigende Sättigung (Abb. 7c). Aus diesen Versuchsergebnissen leiten wir ab, daß man unter Bedingungen, wie sie im technologischen Prozeß zu erwarten sind, mit einem Trennfaktor zwischen benachbarten Lanthanoidenelementen von ca. 1,24 rechnen kann. Aus den Daten läßt sich weiterhin schließen, daß das Am (und das Cm) etwa auf der Position des Nd einzuordnen sind. Man muß daraus den Schluß

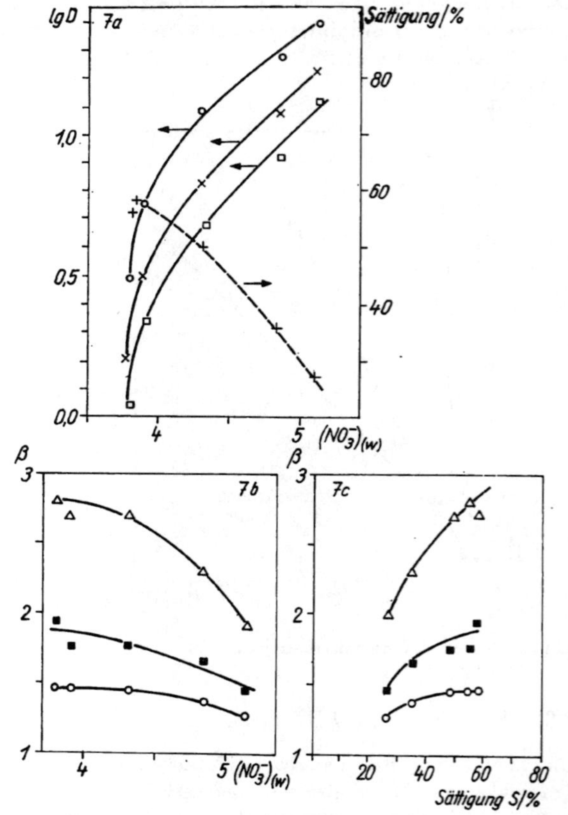

Abb. 7. Einfluß der Nitratkonzentration und der Extraktionsmittelsättigung auf die Trennfaktoren bei der Extraktion
7a) + Sättigung; 7b) 7c) △Eu/Ce, ■Eu/Am, ○Am/Ce

ziehen, daß sich durch TBP-Extraktion neben anderen Spalt- und Korrosionsprodukten nur die leichten Lanthanoidenelemente (La, Ce, Pr) teilweise vom Am abtrennen lassen. Die wesentliche Trennleistung muß demnach bei der Rückextraktion in die wäßrige Phase erreicht werden. Man kann die Bedingungen auch so wählen, daß die genannte Elementgruppe total extrahiert wird.

3.4. *Rückextraktion mit DTPA (Kinetik)*

Während für die Einstellung des Verteilungsgleichgewichts bei der Extraktion mit TBP im allgemeinen eine Schüttelzeit von einer Minute ausreicht (Ausnahme: Zr), treten bei der Rückextraktion mit DTPA kinetische Hemmungen auf. Wie Abb. 8 ausweist, sind für die Lanthanoide/Actinoide Intensivrührzeiten von ca. 20 Minuten erforderlich, für Zr und Ru sogar mehr als 60 Minuten. Diese Tatsache muß bei der Trennung im mehrstufigen technischen Apparat beachtet werden.

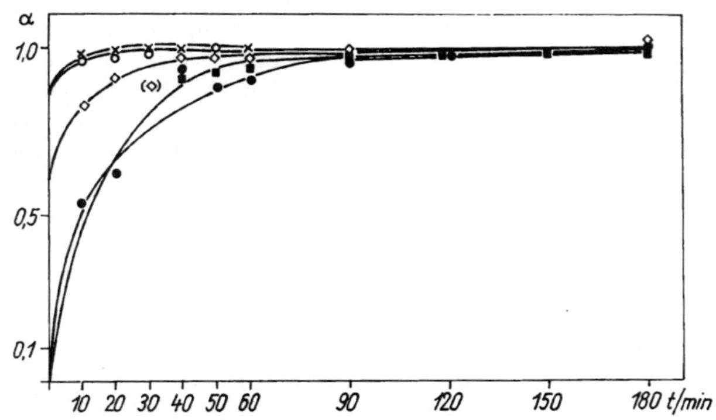

Abb. 8. Kinetik der Rückextraktion im Rührversuch

3.5. *Rückextraktion mit DTPA (Tracerkonzentrationen)*

Diäthylentriaminpentaessigsäure kann man im hier interessierenden schwachsauren Milieu als schwache Säure H_5A betrachten, welche je nach dem herrschenden *p*H-Wert der wäßrigen Lösung teilweise dissoziiert vorliegt, z.B.

$$H_5A \rightleftharpoons H^+ + H_4A^- \qquad (\text{bei } pH \approx 3)$$

Bei der Rückextraktion eines 3wertigen Metalls aus der organischen TBP-Verdünner-Phase in eine nitrat- und DTPA-haltige wäßrige Phase stellt sich dann folgendes Gleichgewicht ein:

$$MA^{2-}_{(w)} + 4\,H^+ + 3\,NO_3^- \underset{\text{Rückextraktion}}{\overset{\text{Extraktion}}{\rightleftharpoons}} M(NO_3)_3 \times 3\,TBP_{(0)} + H_4A^- \qquad (4)$$

Die Gleichung gilt für stark verdünnte Lösungen, in denen man die folgenden Bedingungen als erfüllt ansehen kann:

1) Das Metall liegt in der organischen Phase vollständig in Form des neutralen Solvates $M(NO_3)_3 \cdot 3$ TBP vor.
2) Das Metall liegt in der wäßrigen Phase vollständig in Form des (1:1)-Komplexes MA^{2-} vor.

Aus (4) folgt für die Gleichgewichtskonstant $\tilde{K}$

$$\tilde{K} = \frac{(M(NO_3)_3 \cdot 3\,TBP)\,(H_4A^-)}{(MA^{2-})\,(NO_{3^-})^3\,(TBP)^3\,(H^+)^4} \qquad (5)$$

und für den Verteilungskoeffizienten D_M

$$D_M = \frac{\tilde{K} \cdot (NO_3^-)^3\,(TBP)^3\,(H^+)^4}{(H_4A^-)} \qquad (6)$$

Danach ist die Metallverteilung eine Funktion der Konzentrationen an Nitrat, TBP, H^+-Ionen und Komplexbildner.

Wir untersuchten diese Abhängigkeiten zuerst in stark verdünnter Lösung.

Der Einfluß des *p*H-Wertes und der DTPA-Konzentration sind über die stufenweise Dissoziation des Komplexbildners miteinander verknüpft. In stark saurer Lösung (*p*H < 2) liegt hauptsächlich undissoziiertes DTPA vor und die Komplexbildung wird zurückgedrängt. Für $\partial \lg D_M / \partial pH$ erhielten wir Werte von 1,1 ... 2,5 (für Am, Eu und Tc). Die Verteilung der Nuklide Ce und Ru wird dagegen vom *p*H-Wert wenig beeinflußt (Abb. 9).

Die Kurven für den Einfluß der DTPA-Konzentration bei konstantem *p*H-Wert zeigen einen analogen Verlauf. Der Kurvenanstieg nimmt Werte um −2 ... −3 an.

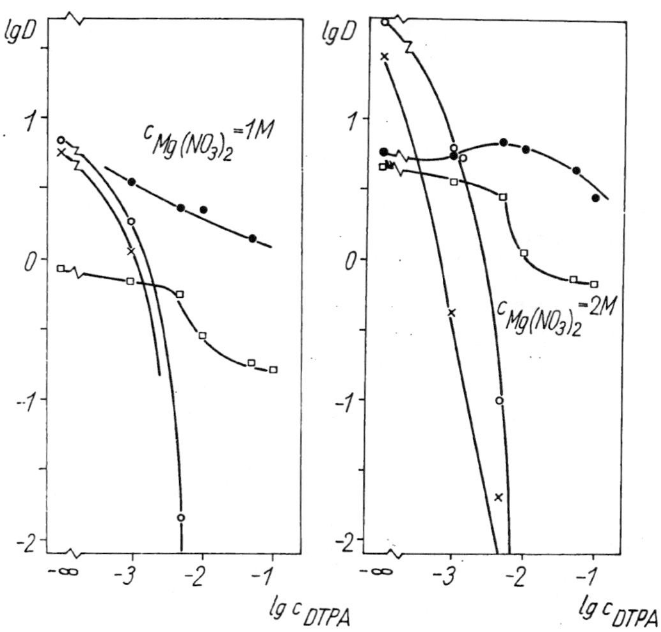

Abb. 9. Einfluß des *p*H-Wertes und der DTPA-Konzentration auf die Rückextraktion

Die schwächer oder nicht komplexierten Nuklide lassen sich auf diese Art gut von dem am stärksten komplexbildenden Am abtrennen, wobei die Trennfaktoren ebenfalls mit wachsender DTPA-Konzentration stark ansteigen.

Folgerichtig fanden wir, daß der Aussalzeffekt bei Zusatz von Magnesiumnitrat zur wäßrigen Phase stärker auf die schwächer komplexierten Begleitelemente des Am (und des Eu) wirkt als auf diese Elemente selbst, so daß die Trennfaktoren mit steigendem Salzzusatz ebenfalls anwachsen. Bei der Wahl des Aussalzers ist die Komplexbildungsneigung des Aussalzerkations zu beachten. Wir beobachteten z.B., daß man mit Magnesiumnitrat die besten Rückextraktionsausbeuten und Trennfaktoren erhält, während Aluminiumnitrat anscheinend einen Teil und Zinknitrat das gesamte DTPA belegt. Die Verteilung erfolgt dann wie bei Abwesenheit von Komplexbildner. Eine Aussage bezüglich der Exponenten in Gleichung (6) läßt sich aufgrund der außerordentlichen Kompliziertheit dieses Komplexsystems aus einfachen Verteilungsmessungen nicht ableiten.

3.6. *Rückextraktion mit DTPA (konzentrierte Lösungen)*

Die Verhältnisse komplizieren sich, wenn man von Mikrokonzentrationen an Metallionen zu Makrokonzentrationen übergeht. Mit steigendem Beladungsgrad der organischen Phase (in der verwendeten organischen Modellösung liegt das TBP zu ca. 70% komplex gebunden vor) reicht die in der wäßrigen Phase vorhandene DTPA-Menge nicht mehr zur Bildung des (1:1) Komplexes aus. Infolgedessen werden zunehmend Metallionen in der organischen Phase zurückgehalten. Gleichzeitig verschlechtern sich die Trennfaktoren (Abb. 10, vgl. auch Abb. 12).

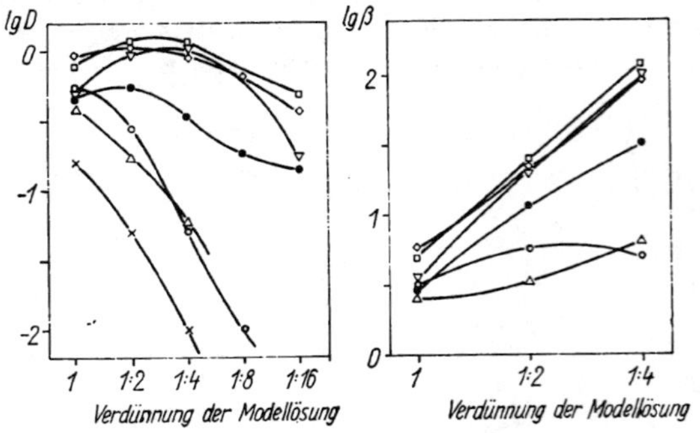

Abb. 10. Einfluß der Beladung der organischen Phase auf die Verteilungskoeffizienten und Trennfaktoren bei der Rückextraktion

Der Einfluß des *p*H-Wertes auf die Rückextraktion äußert sich ähnlich wie bei den Tracerlösungen, jedoch sind bei Annäherung an den Neutralpunkt (*p*H > 4) Hydrolyseerscheinungen unter Bildung von Niederschlägen zu beobachten. Günstige Arbeitsbedingungen liegen im Gebiet von *p*H 2 ... 4 vor.

Im Unterschied zu den Tracerlösungen wirkt sich bei konzentrierten Ausgangslösungen der Komplexbildnereinfluß erst von einer Konzentration von 0,01 M an aus und zwar vorwiegend auf die Elemente Am, Y, Eu und Zr. Ce, La, Tc und Ru werden unter den vorliegenden Bedingungen praktisch nicht komplexiert (Abb. 11). Die Trennfaktoren zum Am steigen mit der DTPA-Konzentration ebenfalls an, erreichen aber bei weitem nicht die hohen Werte der Tracerlösungen. Innerhalb der Lanthanoidenreihe ent-

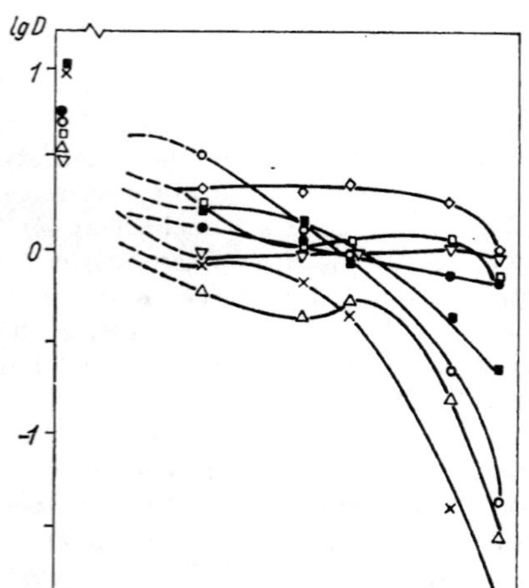

Abb. 11. Einfluß der DTPA-Konzentration auf die Verteilungskoeffizienten bei der Rückextraktion

Tab. 2. Vergleich der Stabilitätskonstanten von DTPA-Komplexen mit den Verteilungskoeffizienten bei der Rückextraktion (vgl. Abb. 11)

Element	Komplexkonstante $\lg \beta_1$ [21, 22]	Verteilungskoeffizient $-\lg D_M$
La	18,23 ± 0,09	0,04
Ce	19,09 ± 0,06	0,15
Y	20,39 ± 0,06	1,58
Eu	20,87 ± 0,07	1,39
Am	22,10 ± 0,05	1,89
Cm	22,85 ± 0,08	nicht bestimmt

spricht die Reihenfolge der Verteilungskoeffizienten bei der Rückextraktion den aus der Literatur bekannten Komplexstabilitätskonstanten (Tab. 2), die mit dem Ionenradius korrelieren. Auch der von uns gemessene Wert für das Am ordnet sich richtig in diese Reihung ein, während das 4d-Element Y abweichendes Verhalten zeigt. Ebenfalls wie bei den Tracerlösungen erhöhen sich die Trennfaktoren bei Zusatz von nichtextrahierbarem Nitrat. Auch hierbei ist der Einfluß bei den konzentrierten Lösungen wesentlich schwächer.

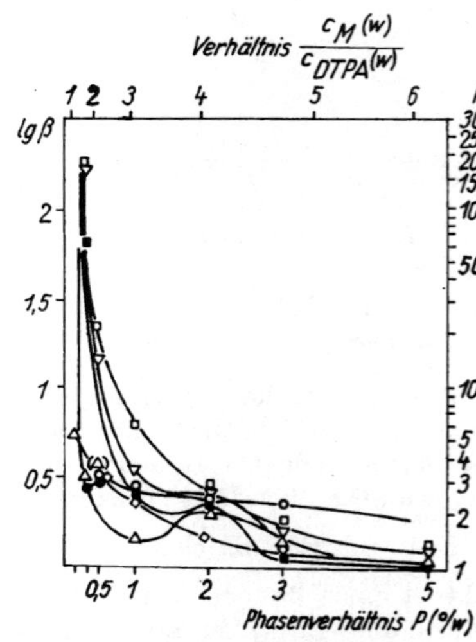

Abb. 12. Einfluß des Phasenverhältnisses (organisch/wäßrig) auf die Verteilungskoeffizienten und Trennfaktoren bei der Rückextraktion

Von größter Bedeutung für die bei der Rückextraktion mit DTPA erzielten Ausbeuten und Trennfaktoren ist jedoch das Phasenverhältnis (organisch/wäßrig) oder anders ausgedrückt: das Verhältnis der Konzentration der Metallionen zur Konzentration des Komplexbildners (Liganden) in der wäßrigen Phase. Wie Abb. 12 verdeutlicht, sind hohe Trennfaktoren nur im Bereich der Bildungsmöglichkeiten des (1:1)-Komplexes oder bei Ligandüberschuß realisierbar. Für die Abtrennung der leichten Seltenerdnitrate (La, Ce) vom Am werden dann Trennfaktoren >100 erreicht, für Eu/Am aber nur ca. 2 ... 4,5. Bei DTPA-Unterschuß verschlechtern sich die Trennergebnisse entscheidend. Außer La und Ce ließen sich unter geeigneten Bedingungen auch Y, Tc, Zr und Ru weitgehend vom Am trennen. Dagegen wurde bei der Rückextraktion mit DTPA für die Elemente Fe, Cr, Ba, Sr und Cs praktisch keine weitere Abtrennung erreicht, und auch das Pd verblieb zu über 90% in der Actinoidenfraktion. Für die in hoher Konzentration in der Raffinatlösung vorliegenden Lanthanoidenelemente Pr, Nd und Sm sind ausreichend hohe Trennfaktoren zu erwarten, die zwischen den für Ce und Eu gefunde nen Werten liegen sollten.

Eingegangen am 16. Februar 1982

Literatur

[1] *B. Gorski, G. Pfrepper, W. Heyne, D. Nebel*, Isotopenpraxis **14** (1978) 137
[2] *W. D. Bond, R. E. Leuze*, ORNL-5012 (1975)
[3] *A. G. Croff, J. O. Blomeke* et al., ORNL-5566 (1980)
[4] *E. I. Wheelwright* et al., BNWL-1831 (1974)
[5] *D. A. Orth, J. M. McKibben, W. E. Prout, W. C. Scotten*, Proc Intern. Solvent Extr. Conf. ISEC 71 (1971) Paper 148
[6] *E. Hesford, A. H. C. McKay*, Trans. Faraday Soc. **54** (1958) 573
[7] *W. Ochsenfeld, G. Baumgärtel, H. Schmieder, E. Kuhn*, KFK 671 (1967)
[8] *D. Scargill, K. Alcock, J. M. Fletcher, E. Hesford, H. A. C. McKay*, J. Inorg. Nucl. Chem. **4** (1957) 304
[9] *G. F. Best, H. A. C. McKay, P. R. Woodgate*, J. Inorg. Nucl. Chem. **4** (1957) 315
[10] *G. F. Best, E. Hesford, H. A. C. McKay*, J. Inorg. Nucl. Chem. **12** (1959) 136
[11] *Z. Kolařik*, J. Inorg. Nucl. Chem. **36** (1974) 409
[12] *I. Svantesson, I. Hagström, G. Persson, J. O. Liljezin*, J. Inorg. Nucl. Chem. **41** (1979) 383
[13] *M. C. Thompson*, DP-1336 (1973)
[14] *V. I. Spitzyn* et al., Usp. Chimii **46** (1977) 1947
[15] *F. Macašek, J. Kadrabová*, J. Radioanal. Chem. **51** (1979) 97
[16] *H. E. Henry* et al., DP-972 (1965)
[17] *A. L. Bold, G. L. Ritter*, *ARH*-1354 (1969)
[18] *L. F. Tepelev, R. F. Melkaya*, Radiokhimija **6** (1976) 864
[19] *K. P. Lunichkina, E. V. Renard, V. B. Shevchenko*, Zhurn. neorg. Khim. **19** (1974) 205
[20] *V. M. Nikolaev, B. N. Zajtsev, V. N. Kovantsev*, Radiokhimiya **19** (1977) 685
[21] *T. F. Gritmon, M. P. Goodken, G. R. Choppin*, J. Inorg. Nucl. Chem. **39** (1977) 2021
[22] *E. M. Piskunov, A. G. Rykov*, Radiokhimiya **14** (1972) 638

Verwendete Formelzeichen:

c	stöchiometrische molare Konzentration
D	Verteilungskoeffizient
I	Ionenstärke
$\tilde{K}$	stöchiometrische (scheinbare) molare Gleichgewichtskonstante
M^{p+}	Metallionen mit der Ladung +p
q	Solvationszahl
t	Zeit
$(\,)_{(0)}$, $(\,)_{(w)}$	molare Konzentration
	1 (Die Phasenbezeichnungen $_{(0)}$ und $_{(w)}$ für die organische bzw. wäßrige Phase werden der Einfachheit wegen meist weggelassen.)
α	Grad der Gleichgewichtseinstellung
β	Trennfaktor eines Spaltproduktnuklids bezogen auf Americium (D_{Sp}/D_{Am})
β_1	Stabilitätskonstante des (1:1)-Komplexes

Verwendete Elementsymbole (wenn nicht anders angegeben):

× Americium
○ Europium
□ Cer
▽ Lanthan
△ Yttrium
◇ Technetium
■ Zirkonium
● Ruthenium
▼ Palladium
◆ Molybdän

Column Studies on the Sorption of Radioactive Isotopes by Some Natural Clay Minerals

A. S. Abdel-Gawad, N. Z. Misak, H. B. Maghrawy, A. Shafik

(Nucl. Chem. Dept., NRC, Atomic Energy Commission, Cairo, Egypt)[1]

Different types of naturally occuring minerals have been investigated in respect of the sorption of various radioisotopes. The present work deals with column studies of the sorption of ^{89}Sr and ^{60}Co on four natural bentonites, collected from localities. Columns of cross section of 1·47 cm² were used for the determination of the breakthrough capacities for both Sr and Co. The applicability of Glueckauf plate theory to the systems was tested. It was found that HETP is constant for a given system of column and cationic species, which proves the applicability of the theory. From this, it follows that the data obtained for the short laboratory colums can be used to predict the breakthrough behavior for longer columns.

Keywords

clays; cobalt 60; decontamination; ion exchange; strontium 89

Introduction

Ion exchange materials, natural or synthetic, can be used for decontamination of liquid radioactive wastes, specially from the hazardous long-lived isotopes, before discharge of the liquids to the environment [1, 2]. At the same time, one of the best methods of concentrating radioactive wastes is the method of fixing them in naturally occuring minerals, and in this respect, different types of naturally occuring minerals have been investigated for the sorption of various radioisotopes [3, 4].

[1]) Address: P. O. Box, Cairo, Egypt

Method

^{89}Sr and ^{60}Co were used for tagging Sr^{2+} and Co^{2+} in their respective $SrCl_2$ and $CoCl_2$ solutions. The sorption was followed by the measuring the β-activity of ^{89}Sr and γ-activity of ^{60}Co by standard counting techniques. The conventional column technique was used, where the sorption behavior of the investigated isotopes was studied by allowing the radioactive solutions to percolate through glass columns packed with mineral samples.

Results and Conclusions

Chemical, X-ray diffraction and DTA analysis have shown that B.B. and S.B. are from the type intrastratified illite-bentonite, R.B. is a bentonite contaminated with vermiculite, and J.B. is a K-bentonite [5]. The capacities determined by the ammonia method are 33, 61, 72 and 91 meq/g for J.B., R.B., S.B. and B.B., respectively.

The effect of changing the carrier concentration, the column length and the flow rate on the breakthrough behavior of the concerned cations using influent solutions of $SrCl_2$ or $CoCl_2$ was investigated.

Effect of Carrier Concentration

The effect of carrier concentration was studied with columns of 5 cm length and 1·47 cm² cross section. The flow rate was kept constant at 30 ml/h and the *p*H of the influent solution was adjusted at a value of 6·5 in the case of Sr^{2+} and 4 in the case of Co^{2+} (to avoid the precipitation of cobalt hydroxide). In each experiment, the breakthrough behavior for the concentrations 0·1, 0·01 or 0·001 N $SrCl_2$ or $CoCl_2$ was recorded for every bentonite sample. Figures 1 & 2 represent the breakthrough curves for Sr^{2+} and Co^{2+}, respectively, while Tab. 1 shows the breakthrough volumes ($\bar{V}$) and capacities (Q) for both Sr^{2+} and Co^{2+} in the different conditions.

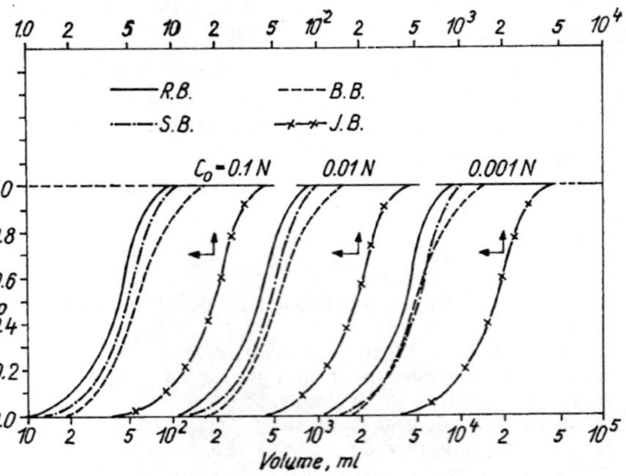

Fig. 1. Breakthrough curves for Sr^{2+}

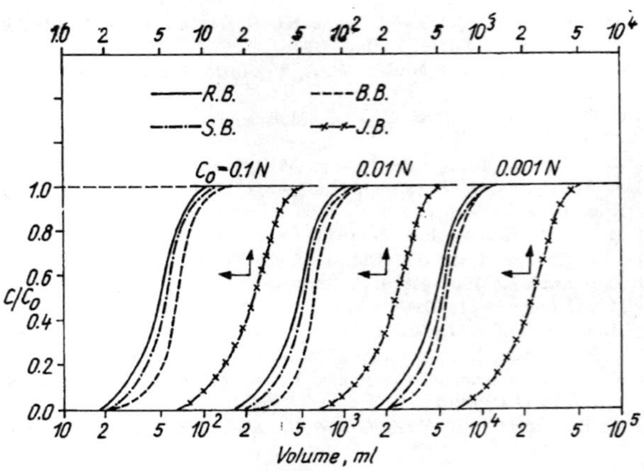

Fig. 2. Breakthrough curves for Co^{2+}

Tab. 1. $\bar{V}$ and Q values for sorption of Sr^{2+} and Co^{2+} by the various bentonites at different carrier concentrations

Bentonite	Sorbed Ion	Concn. N	$\bar{V}$ ml	Q meq/100 g
B.B.	Sr^{2+}	0·001	5575	60·53
		0·010	591	62·73
		0·100	63·5	66·85
	Co^{2+}	0·001	5833	61·51
		0·010	626	66·30
		0·100	65·7	69·42
S.B.	Sr^{2+}	0·001	4752	49·50
		0·010	489	51·02
		0·100	51·4	53·56
		0·001	5125	53·44
	Co^{2+}	0·010	521	54·43
		0·100	53·9	56·21
R.B.	Sr^{2+}	0·001	3881	39·51
		0·010	391	40·85
		0·100	4·1	45·53
	Co^{2+}	0·001	4725	48·70
		0·010	485	49·92
		0·100	50·4	52·11
J.B.	Sr^{2+}	0·001	1865	22·70
		0·010	194·9	23·52
		0·100	20·25	24·44
	Co^{2+}	0·001	2321	28·14
		0·010	243	29·41
		0·100	25·14	30·40

Generally, Fig. 1 and 2 and Tab. 1 show that in all cases the breakthrough volume largely increased by decreasing the concentration while the column capacity increases to a small extent with the increase of the carrier concentration. The Q-values obtained in these experiment are the breakthrough capacities and are of great practical importance for waste disposal into the ground.

Effect of Column Height

Three column heights of 5, 10 and 20 cm, having the above mentioned cross section, were used here. The flow rate was kept constant at the above mentioned value and the influent concentration used throughout was 0·01 N. The breakthrough volumes and capacities for the various heights are given in Tab. 2.

Tab. 2 shows that the increase of the column height lends to an expected increase of $\bar{V}$ and to a slight increase of Q in all cases.

Effect of Flow Rate

The effect of flow rate was studied with columns of the same height (5 cm) and cross secton (1·47 cm²). The carrier concentration was kept constant at 0·01 N and different

Tab. 2. $\overline{V}$ and Q values for sorption of Sr^{2+} and Co^{2+} by the various bentonites at various column heights

Bentonite	Sorbed Ion	Column height, cm	$\overline{V}$ ml	Q meq/100 g
B.B.	Sr^{2+}	5	591	62·73
		10	1181	62·82
		20	3378	63·65
	Co^{2+}	5	626	66·30
		10	1263	67·50
		20	2572	69·74
S.B.	Sr^{2+}	5	489	51·02
		10	890	51·29
		20	1977	52·10
	Co^{2+}	5	521	54·43
		10	1048	55·09
		20	2102	55·39
R.B.	Sr^{2+}	5	391	40·85
		10	785	41·09
		20	1569	41·15
	Co^{2+}	5	485	49·92
		10	969	49·97
		20	1960	51·00
J.B.	Sr^{2+}	5	194·6	23·52
		10	392	23·91
		20	790	24·41
	Co^{2+}	5	243	29·41
		10	491	30·10
		20	990	30·60

flow rates of 30, 45 and 60 ml/h were used. The $\overline{V}$ ans Q values are given in Table 3 for the different flow rates.

Tab. 3 shows that the increase of flow rate decreases both $\overline{V}$ and Q in all cases.

The facts revealed in Tab. 1 and 3 that the breakthrough capacity increases by increasing the carrier concentration and decreases by increasing the flow rate may be due to a state of nonequilibrium in the column, which may arise from a tunneling effect leading to a partial unsaturation in the column. Tunneling effects are probably more dependent on the flow rate which has a more profound effects on the capacity.

However, under all conditions, the breakthrough capacity values obtained are quite satisfactory and the use of a disposal area containing the studied bentonites is herefore worthwhile. Therefore, in an attempt to upscale the data obtained with the short laboratory columns, the applicability of the *Glueckauf* plate theory [6] to the studied systems was tested. According to this theory, the number of theoretical plates, N, is given by the equation:

$$N = \frac{\overline{V} - V'}{(\overline{V} - V')^2}$$

Where V' is the volume required for 15·87 breakthrough. The height equivalent to theoretical plate, $HETP$, is given by the equation:

$$HETP = \frac{\text{column length}}{N}$$

Tab. 3. $\overline{V}$ and Q values for sorption of Sr^{2+} and Co^{2+} by the various Bentonites at different flow rates

Bentonite	Sorbed Ion	Flow Rate ml/h	$\overline{V}$ ml	Q meq/100 g
B.B·	Sr^{2+}	30	591	62·73
		45	556	58·94
		60	492	52·41
	Co^{2+}	30	626	66·30
		45	583	61·78
		60	504	53·28
S.B.	Sr^{2+}	30	489	51·02
		45	430	45·02
		60	419	43·59
	Co^{2+}	30	521	54·43
		45	471	49·21
		60	444	46·40
R.B.	Sr^{2+}	30	391	40·85
		45	354	36·87
		60	311	32·78
	Co^{2+}	30	485	49·92
		45	457	47·07
		60	368	37·85
J.B.	Sr^{2+}	30	195	23·52
		45	178	21·48
		60	158	19·08
	Co^{2+}	30	243	29·41
		45	225	27·20
		60	203	24·55

Tab. 4. N and $HETP$ values for different carrier concentrations

Mineral	Concentration N	Sr^{2+}		Co^{2+}	
		N	$HETP$	N	$HETP$
B.B.	0·001	2·58	1·94	8·58	0·58
	0·010	2·58	1·94	8·85	0·56
	0·100	2·58	1·94	8·83	0·57
S.B.	0·001	3·17	1·58	5·22	0·96
	0.010	3·14	1·59	5·26	0·95
	0·100	3·16	1·58	5·26	0·95
R.B.	0·001	2·64	1·89	4·06	1·23
	0·010	2·76	1·81	4·02	1·24
	0·100	2·62	1·91	4·15	1·20
J.B.	0·001	2·33	2·15	1·71	2·92
	0·010	2·39	2·09	1·70	2·94
	0·100	2·34	2·14	1·71	2·92

If the theory applies to a given system, $HETP$ must be constant.

Tab. 4 and 5 give the values of N and $HETP$ for both Sr^{2+} and Co^{2+} and the various bentonites under conditions of different carrier concentrations and column heights. Tab. 5 and 6 show that $HETP$ is constant. It can be therefore concluded that the data obtained for the short laboratory columns can be used to predict the breakthrough behaviour for much elaborate columns. This can help to a

Tab. 5. N and $HETP$ values for different column heighst

Mineral	Column Height cm	Sr^{2+}		Co^{2+}	
		N	$HETP$	N	$HETP$
B.B.	5	2·58	1·94	8·85	0·56
	10	5·03	1·99	17·35	0·58
	20	10·09	1·98	34·16	0·59
S.B.	5	3·14	1·59	5·26	0·95
	10	6·28	1·59	10·35	0·97
	20	12·60	1·59	21·88	0·91
R.B.	5	2·76	1·81	4·02	1·24
	10	5·13	1·94	7·96	1·26
	20	10·69	1·87	15·80	1·27
J.B.	5	2·39	2·09	1·71	2·92
	10	4·77	2·10	3·43	2·92
	20	9·41	2·13	6·73	2·97

great extent in assessing the contour or the liquid front displacement in case of ground disposal. Semifield experiments for the investigation of the porosity and transmissibility of the strata of the area together with test wells, and underground check and control points are, however, necessary.

Received January 20, 1982

References

[1] *C. B. Amphlett, D. T. Warren*, Report AEREC/R 1686 (1956)

[2] *G. P. Simon*, USAEC, BNL-2388 (1956)

[3] *J. R. McHenry, D. W. Rhodes, P. P. Row*, Sanitary Engineering Conference, Cincinnati 1955; US Atomic Energy Commission, TID-15 A

[4] *T. Segana, M. Ichikawa, O. H. Miya, R. Hizuno*, Waste Management Research Abstract, IAEA, No. 4 (1968) 30

[5] *A. Shafik*, Ph. D. Thesis, submitted to Ain-Shams Univ., Egypt 1981

[6] *E. Glueckauf*, Trans Far. Soc., 51 (1955) 385

Получение радионуклида ^{93m}Nb и создание на его основе источника низкоэнергетического фотонного излучения

А. Д. Гедеонов, А. В. Мальшенков, А. А. Носов, В. В. Смирнов, А. К. Шмалько

(Радиевый институт им. *В. Г. Хлопина*, Ленинград, СССР)[1])

Приведены результаты экспериментов по получению радионуклида ниобий 93м ($T_{1/2}$ = 13,6 лет; K_xNb), образующегося по реакции ^{93}Nb(n, n′)^{93M}Nb при облучении естественного ниобия быстрыми нейтронами ядерного реактора. Определена удельная активность облученного ниобия по ниобию-93м и идентифицированным примесным радионуклидам. На основе полученного препарата изготовлен источник низкоэнергетического фотонного излучения (16,6 *кэВ*) активностью 1,2 мкюри, обеспечивающий выход фотонов 2,3 · 10^6 фотон/с в 2π-стерадиан. Источник перспективен для использования в рентгенофлюоресцентном анализе и других недеструктивных методах.

Keywords

niobium 93; niobium 93m; niobium 85; niobium 93 target; photoneutrons; photon-neutron interactions

Источники низкоэнергетического фотонного излучения широко используются в радиационной дефектоскопии и ядерной геофизике, для контроля толщины и плотности различных материалов, для определения элементного состава веществ методом рентгенофлюоресцентного анализа и в некоторых других областях [1—3]. Наибольшее применение нашли источники на основе радионуклидов железа-55, кобальта-57, кадмия-109, йода-125, гадолиния-153, америция-241 и недавно полученного самария-145 [4, 5]. Тем не менее, существующие источники не охватывают весь необходимый интервал энергий фотонов, что особенно заметно в энергетической области 10—20 *кэВ*. Принадлежащие к этой области источники на основе радионуклидов плутоний-238 ($T_{1/2}$ = 87,8 лет; U_L-серия: 11,6—21,7 *кэВ*) и кюрий-244 ($T_{1/2}$ = 18,1 года; Pu_L-серия: 12,1 до 21,4 *кэВ*) выпускаются в отдельных странах [6, 7] и используются в геологоразведке для рентгенофлюоресцентного анализа некоторых металлов [8]. Однако, высокая радиотоксичность этих нуклидов предъявляет особые требования к герметизации источников, изготовленных на их основе, и их практическому использованию. Кроме того, указанные радионуклиды недостаточно полно отвечают требованиям моноэнергетичности, предъявляемым в ряде случаев к источникам фотонного излучения.

Возрастающая потребность в источниках фотонного излучения с энергией в области от 10 до 20 *кэВ* требует получения и выделения новых радионуклидов. Таким радионуклидом является ниобий-93м, радиационно-физические характеристики которого приведены в табл. 1.

Как видно из табл. 1, основной вклад в выход фотонов для этого радионуклида вносит излучение с энергией 16—17 *кэВ*. Средняя энергия фотонов характеристического излучения ниобия-93*м* (16,9 *кэВ*) рпактически совпадает со средней энергией фотонов характеристического излучения плутония-238 (16,4 *кэВ*) и кюрия-244 (17,4 *кэВ*), использующихся в источниках [6, 7]. Однако, излучение ниобия-93*м* (К-серия ниобия) более близко к моноэнергетическому, чем излучение плутония-238 (L-серия урана) и кюрия 244 (L-серия плутония) [12], что создает благоприятные перспективы для практического использования этого радионуклида в источниках фотонов с энергией 10—20 *кэВ*. Ниобий-93*м* в микроколичествах получают по реакции ^{93}Nb (n, n′) ^{93M}Nb при облучении естественного ниобия быстрыми нейтронами [10, 13, 14]. Интересно отметить,

[1]) Anschrift: Roentgenstr. 1, 197022 Leningrad, UdSSR

Табл. 1. Фотонное излучение радионуклида ниобий-93*м* (Изомерный переход — 100%)

Параметр	Единица измерения	Величина	Литература
Период полураспада	лет	13,6 ± 0,3	[17]
		11,4 ± 0,9	[17]
Энергия	*кэВ*	30,4	[17]
гамма-излучения		30,77 ± 0,02	[10, 12]
Квантовый выход	%	$4,3 \cdot 10^{-3}$	[11]
на 100 распадов	*кэВ*	$5,5 \cdot 10^{-4}$	*)
Средняя энергия характеристического К-излучения		16,90 ± 0,03	[12]
Квантовый выход			
К-излучения	%	41	[11]
на 100 распадов		10,6 ± 0,8	[12]

*) Приведенное значение вычислено нами на основании коэффициента внутренней конверсии α_k (2,58 ± 0,15) 10^4 [12]

что по расчетам [15] наибольший выход ниобия-93*м* должен наблюдаться при осуществлении управляемого термоядерного синтеза в реакторе, где в качестве конструкционного материала предполагается использовать ниобий. В этом случае за счет нейтронной активации конструкционного ниобия на 1 ватт реакторной мощности в год будет образовываться 42 мкюри ниобия-93*м*, что, например, существенно превышает выход цезия-137 в делительном реакторе (0,93 мкюри/вт. год).

В настоящее время наиболее простым и экономически оправданным остается получение ниобия-93*м* при неупругом взаимодействии быстрых нейтронов с ядрами естественного ниобия (10000 ниобия-93). Сечение образования ниобия-93*м* по реакции ^{93}Nb(n, n′) ^{93M}Nb изменяется в пределах от 1 до 2 барн при изменении энергии нейтронов от 1 до 10 *МэВ* с максимумом в области 5 *МэВ* [16]. Таким образом, возможность получения в ядерном реакторе на быстрых нейтронах радионуклида ниобий-93*м* с удельной и общей активностью, достаточной для изготовления источника фотонного излучения, не вызывает сомнений. Единственной принципиальной трудностью на пути создания источника является образование в процессе нейтронного облучения других долгоживущих радионуклидов ниобия, которые имеют „жесткий" гамма-спектр и химически не отделимы от ниобия-93*м* К таким радионуклидам прежде всего относится ниобий-94 ($T_{1/2} = 2 \cdot 10^4$ лет; максимальная эгергия β^--распада $E_{\beta^-} = 490$ *кэВ*; гамма-излучение с энергией $E_\gamma = 702$ и 871 *кэВ*, квантовый выход 100%), который образуется из исходного материала по реакциям ^{93}Nb(n, γ) ^{94}Nb и ^{93}Nb(n, γ) ^{94M}Nb $\xrightarrow[T_{1/2} = 6,5 \text{ мин}]{\text{И.П.}}$ ^{94}Nb на тепловых нейтронах с общим сечением 1,1 барн [17] и на резонансных нейтронах в энергетической области 0,003 до 2 *кэВ* с сечением 4 барна [18]. Поэтому при выборе условий наработки ниобия-93*м* необходимо проводить облучение в таком режиме, при котором выход ниобия-94 минимален.

Присутствие в облученном ниобии радионуклидов ниобий-95 ($T_{1/2} = 35$ дней; максимальная энергия β^--распада $E_{\beta^-} = 160$ *кэВ*; гамма-кванты с энергией 785 *кэВ* и квантовым выходом 100%), образующегося по реакции ^{93}Nb(n, γ) ^{94}Nb(n, γ) ^{95}Nb, и тантала-182 ($T_{1/2} = 115$ дней; максимальная энергия β^--распада $E_{\beta^-} = 522$ *кэВ*; гамма-кванты с энергией 10—1230 *кэВ*), получающегося из примесного тантала по реакции ^{181}Ta(n, γ) ^{182}Ta [13], не играет существенной роли, поскольку их содержание можно значительно уменьшить за счет естественного распада и радиохимической очистки.

Для получения источника ниобия-93*м* нами было проведено облучение навески металлического ниобия (77 *мг*), содержащего 0,2% тантала, в интегральном потоке быстрых нейтронов $1,1 \cdot 10^{22}$ *н/см²*.

После окончания облучения и длительной выдержки навеску облученного ниобия растворяли в смеси концентрированных HF:HNO_3 (1:2) и снимали гамма-спектры от аликвоты полученного раствора.

Измерение спектра низкоэнергетических фотонов (до 50 *кэВ*) проводилось через 6 лет после окончания облучения. Толщина препарата составила 4 *мг/см²*, так что самопоглощение характеристического излучения ниобия не превышало 5%. В качестве детектора использовали Si(Li) детектор фирмы „ORTEC" с бериллиевым окном толщиной 25 *мкм*, имеющий разрешение 220 *эВ* при энергии 6,4 *кэВ*, Набор и обработка спектра производились при помощи анализатора на основе ЭВМ РДР-II/05. На рис. 1 представлен спектр, полученный в течение 10.000 *сек*. Выходы фотонов в направлении нормали к препарату, исправленные на эффективность регистрации детектора, приведены в табл. 2.

Табл. 2. Выход фотонов из препарата ниобий-93*м* в низкоэнергетической области

Наименование линии	Энергия, *кэВ*	Выход фотонов в 4π-стерадиан, фотон/с мг
W L_α	8,37	$8,5 \cdot 10^1$
W L_β	9,72	$7,7 \cdot 10^1$
Nb K_α	16,61	$2,8 \cdot 10^5$
Nb K_β	18,66	$5,1 \cdot 10^4$
^{93M}Nb	30,8	$1,4 \cdot 10^1$

Как видно из рис. 1 и табл. 2, основной вклад в поток фотонов из препарата дает характеристическое излучение К-линий ниобия. Присутствуюшие в спектре слабые L-линии вольфрама возникают, по видимому, в результате распада радионуклида тантал-182, образующегося при нейтронной активации примесного тантала.

Из результатов измерений, приведенных в табл. 2, было рассчитано отношение интенсивностей характеристического излучения ниобия (I_X) и гамма-линии радионуклида ^{93M}Nb(I_γ), относящейся к изомерному переходу: $I_x/I_\gamma = (2,4 \pm 0,9) \cdot 10^4$ (n = 0,95). Эта же величина, вычисленная по данным работы [11] (см. табл. 1) составляет $0,95 \cdot 10^4$, а по данным работы [12] —$1,9 \cdot 10^4$. Значение I_x/I_γ, полученное из экспериментальных данных [10], составляет $(1,3 \pm 0,2) \cdot 10^4$. Из сопоставления измеренного нами отношения интенсивностей с литературными данными видно, что полученная величина хорошо согласуется с данными, вычисленными по [12], и расходится с данными работ [10, 11].

На основании измеренного выхода фотонов характеристического излучения ниобия (табл. 2), считая,

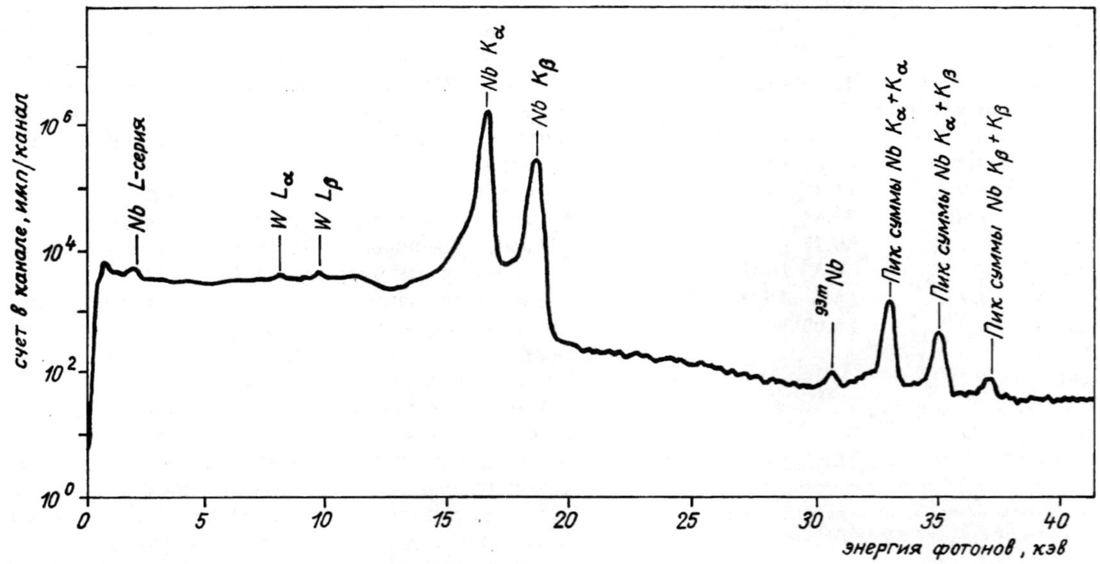

Рис. 1. Спектр препарата ниобой-93 *м* в низкоэнергетической области

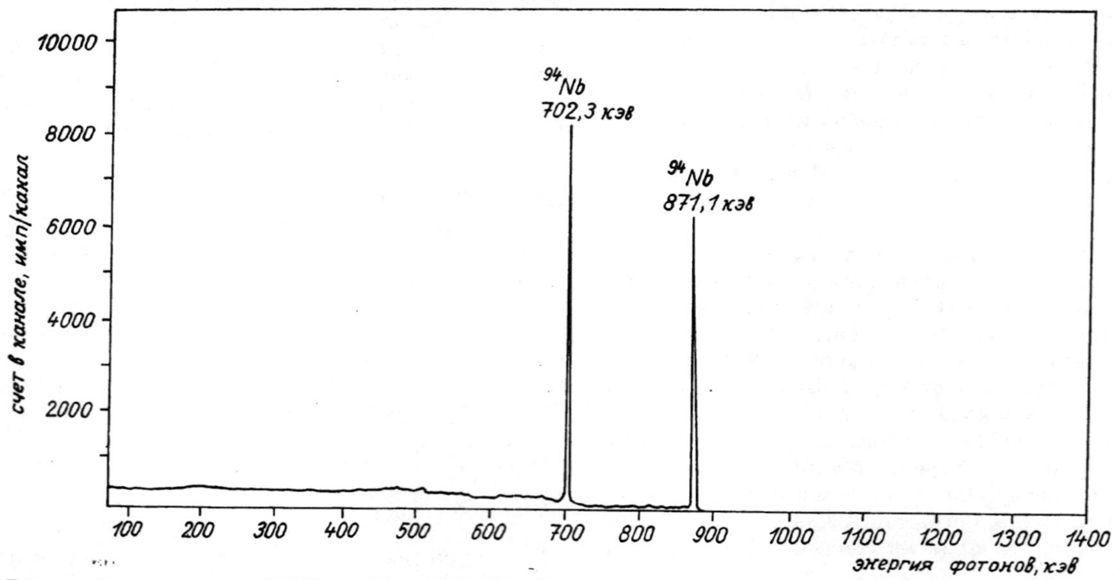

Рис. 2. Гамма-спектр препарата ниобий-93*м* в области 100:1500 *кэВ*

что их выход на распад составляет 10,6% [12], была рассчитана величина удельной активности препарата по ниобию-93*м*, которая оказалась равной 84 мкюри/г.

Измерение гамма-спектра облученного ниобия в „жесткой" области (до 1500 *кэВ*) было выполнено на анализаторе „Косинус-γ" фирмы „Schlumberger", включающего в себя Ge(Li) детектор с чувствительным объемом ~45 *см*³, спектрометрический тракт и ЭВМ РДР-II/05, посредством которой по программе „PREX γ-10" осуществлялась обработка спектра. Разрешение Ge(Li) детектора составляло 1,6 *кэВ* по линии 122 *кэВ* и 2,2 *кэВ* по линии 1333 *кэВ*. Калибровка детектора по энергии и эффективности регистрации гамма-квантов проводилась с помощью источника европия-152 известной активности, устанавливаемого в той же геометрии, что и исследуемая навеска облученного ниобия. Измерения проводились дважды: через 3 года и через 6 лет после окончания облучения. В результате анализа гамма-спектра образца, снятого 3 года спустя после облучения, были идентифицированы два примесных радионуклида: ниобий-94 и тантал-182. Измеренные при этом активности данных нуклидов были пересчитаны к моменту окончания облучения и представлены в виде удельных активностей в табл. 3.

Гамма-спектр облученного ниобия, снятый через 6 лет после окончания облучения, т.е. непосредственно перед изготовлением источника излучения, изображен на рис. 2. Из приведенного спектра и из табл. 3 видно, что единственной радиоизотопной примесью, искажающей истинный спектр препарата ниобий-93*м* к моменту изготовления источника, являлся ниобий-94.

Обнаружить гамма-линии примесного тантала-182 в спектре (рис. 2) не удалось, поэтому его удельная активность, приведенная в последнем столбце табл. 4, получена пересчетом от удельной активности к концу облучения.

Следует отметить, что отсутствие в спектре гамма-линий ниобия-95, объясняется, как уже отмечалось, длительной выдержкой образца после облучения в реакторе.

Табл. 3. Удельная активность примесных радионуклидов в препарате ниобий-93*м*

Радионуклид	Период полураспада	Аналитическая гамма-линия, *кэВ*	Квантовый выход на 100 распадов	Удельная активность, мкюри/г	
				к концу облучения	к моменту изготовл. источника
Ниобий-94	2 · 10⁴ лет	871 702	100 100	0,29 ± 0,06	0,31 ± 0,06
Тантал-182	115 дней	1121 1221	35,8 27,7	24 ± 5	(0,5 ± 0,1) · 10⁻⁴

Если сопоставить удельные активности по основному нуклиду — ниобию-93*м* (84 мкюри/г) и радиоизотопным примесям (табл. 3), то окажется, что через 6 лет после окончания облучения вклад примесей не превышает 0,4%. Поэтому на основе полученного и измеренного препарата ниобия-93*м* нами был изготовлен опытный источник низкоэнергетического фотонного излучения.

Источник представляет собой алюминиевую пластину 50 *мм* × 10 *мм* × 3 *мм*, на которую нанесен тонкий слой облученного ниобия. Окно источника изготовлено из бериллиевой фольги толщиной 0,2 *мм*. Активность источника составила 1,2 мкюри, поток фотонов с энергией 16,6 *кэВ* в 2π-стерадиан — 2,3 · 10⁶ фотон/с. После герметизации источника определяли неравномерность нанесения ниобия-93*м* путем сканирования источника Si(Li)-детектором, использовавшимся для снятия спектра в низкоэнергетической области. Сканирование осуществлялось с помощью вольфрамового коллиматора толщиной 25 *мм* с шириной щели 3 *мм* и шагом 5 *мм*. Неравномерность нанесения, определенная как среденквадратичное отклонение скорости счета от среднего значения, составила 18% при доверительной вероятности 68%.

Таким образом, разработанный источник низкоэнергетического фотонного излучения, обеспечивает высокий выход фотонов с энергией 16,6 *кэВ*, имеет достаточную равномерность нанесения препарата и высокую радиохимическую чистоту.

Источники на основе радионуклида ниобий-93*м* найдут применение в рентгенорадиометрическом анализе полезных ископаемых, в радиографических исследованиях, в устройствах, работающих по принципу поглощения пучка, и в целом ряде других недеструктивных методов, связанных с использованием гамма-излучения с энергией 15—20 *кэВ*.

Авторы выражают благадарность *А. А. Римскому-Корсакову* за критический анализ ядерных данных и *Е. Н. Логинову* за конструкторское обеспечение работы.

Поступила в редакцию 16/XII, 1981 г.

Литература

[1] *С. В. Румянцев, Е. Е. Кулиш, О. И. Борисов*, ,,Источники низкоэнергетического излучения в неразрушающем контроле'', Атомиздат, Москва 1976 г.

[2] *Е. П. Леман*, Рентгенорадиометрический метод опробования месторождений цветных и редких металлов, ,,Недра'', Ленинград, 1978 г.

[3] Труды ,,Симпозиума стран-членов СЭВ по применению радиоизотопных методов в промышленности, включая средства контроля и управления'', т.т. 1—4, 26—29 сентября 1978 г., г. Лейпциг, ГДР, 1978 г.

[4] *А. Д. Гедеонов, В. В. Смирнов* и др., Тезисы докладов I Всесоюзного совещания по получению и выделению радиоактивных изотопов (Ташкент 18—20 июня 1980 г.), ,,Фан'', Ташкент 1980 г. стр. 11

[5] *В. В. Смирнов, А. П. Очкур* и др., Атомная энергия **48** (1980) 46

[6] New England Nuclear, Catalog 76, 1976

[7] The Radiochemical Centre [Amersham], Radioactive low energy photon sources, Technical Bulletin 75/6, 1975

[8] *A. P. Langheinrich, J. W. Forster, T. A. Linn*, Isotopes and Radiation Technology **9** (1971) 173

[9] *K. F. Flynn* et al., Nucl. Sci. Eng. **22** (1965) 416

[10] *J. Morel* et al., Compt. Rend. **284 B** (1977) 223

[11] *Н. Г. Гусев, В. П. Дмитриев*, Квантовое излучение радиоактивных нуклидов, ,,Атомиздат'', Москва 1977

[12] *Ю. В. Хольнов, В. П. Чечев* и др., Характеристики излучений радиоактивных нуклидов применяемых в народном хозяйстве, Атомиздат, Москва 1980

[13] *K. Hohmuth, G. Müller, J. Schintlmeister*, Nucl. Phys., **52** (1964) 590

[14] *R. P. Schuman*, Phys. Rev. **96** (1954) 121

[15] *D. Steiner*, Nucl. Fusion, **11** (1971) 307

[16] *D. Hermsdorf, G. Kiessig, D. Seeliger*, В сб.: Нейтронная физика (материал III Всесоюзной конференции по нейтронной физике, Киев, 9—13 июня 1975 г.), ч. I, Москва, 1976 г., стр. 190

[17] *C. M. Lederer, V. S. Shirley*, Table of Isotopes, J. Wiley & Sons, N.Y., Chichester, Brisbane, Toronto 1978

[18] *И. А. Маслов, В. А. Лукницкий*, ,,Справочник по нейтронному активационному анализу'', ,,Наука'', Ленинград 1971

Isotopic Exchange between Monomethylamine and Hydrogen I. Determination of Separation Factors

S. M. Dave, N. C. Goomer, K. Srinivasa, S. K. Ghosh, H. K. Sadhukhan

(Bhabha Atomic Research Centre, Heavy Water Division, Bombay)[1])

Deuterium separation factors for the monomethylamine-hydrogen exchange process have been measured over a temperature range of −70 to +55 °C and pressure from 0·5 to 100 bar using metal as well as glass systems. During these studies, methylamine was kept in the liquid phase. These measured values have been found to be in very good agreement with the theoretical values of the separation factors.

Keywords

amines; deuterium; heavy water; isotope separation; isotopic exchange; methylamine

1. Introduction

It has been suggested by many workers [1−3] that if in place of ammonia, lower aliphatic amines [4], such as methylamine which has much lower vapour pressure and better kinetics are used as process liquids, the cost of heavy water production could be lowered significantly. The recent AECL-SULZER studies [3, 5] have also substantiated the claim that methylamine does make a better substitute for ammonia for producing heavy water at a much more competitive price.

For methylamine-hydrogen system the kinetics of the deuterium exchange when potassium methylamide was used as a homogeneous catalyst has been investigated by *Bar-Eli* and *Klein* [1] and *Elizabeth Rochard* [6]. However, no systematic measurements of deuterium separation factors for this process have been reported so far. It is the purpose of this paper to report the measured values of the separation factors at different temperatures and compare them with theoretical values calculated by using statistical thermodynamics.

2. Theoretical Calculation of Separation Factors

a) *Gas-gas exchange*

The separation factor, α, denotes the degree of enrichment obtainable in a single equilibrium contact and is given by

$$\alpha = \frac{X/(1-X)}{Y/(1-Y)} \tag{1}$$

Where X and Y, respectively, are the deuterium fractions in amine and hydrogen. It is assumed that both amine and hydrogen are in gaseous phase so that the evaluation of these separation factors can be carried out by using the methods of statistical thermodynamics.

In this exchange, the deuterium transfer occurs between molecular hydrogen and amino hydrogens. The alkyl hydrogens are bonded to the carbon atom rather strongly so that they do not take part in a rapid exchange. The deuterium fractions in amine, X and in hydrogen, Y, can be represented as

$$X = \frac{1/2(CH_3NHD) + (CH_3ND_2)}{(CH_3NH_2) + (CH_3NHD) + (CH_3ND_2)} \tag{2}$$

and

$$Y = \frac{1/2(HD) + (D_2)}{(H_2) + (HD) + (D_2)} \tag{3}$$

In these expressions, the bracketed quantities refer to the atom fractions of different species in the mixture. As this process is to be carried out by dual-temperature scheme, the temperature dependence of the separation factors is of critical importance.

The deuterium exchange between methylamine and hydrogen can be represented as

$$CH_3NH_2 + HD \rightleftharpoons CH_3NHD + H_2 \tag{4}$$

This equation corresponds to the low deuterium concentrations in both the reacting species and does not make allowance for the presence of amine and hydrogen molecules containing more than one deuterium atom. This was precisely the case in our study which was restricted to the low deuterium concentrations of amine and hydrogen.

As the number of exchangeable hydrogen atoms are the same in amine and hydrogen molecules, the separation factor should be equal to the equilibrium constant [7], K, given by Eq. (5)

$$K = \frac{(CH_3NHD)/(CH_3NH_2)}{(HD)/(H_2)} \tag{5}$$

It has been shown by *Bigeleisen* and *Meyer* [8] that the equilibrium constant for any isotopic exchange reaction, given by Eq. (5), can be expressed as

$$K = \frac{(S_{CH_3NH_2}/S_{CH_3NHD})\,[S/S'f\{(CH_3NHD)/(CH_3NH_2)\}]}{(S_{H_2}/S_{HD})\,[S/S'f\,\{(HD)/(H_2)\}]} \tag{6}$$

where $S_{CH_3NH_2}$, S_{CH_3NHD}, S_{H_2} and S_{HD} are the symmetry numbers of the given molecules and the quantity $S/S'f\{(CH_3NHD)/(CH_3NH_2)\}$ is called the reduced partition function ratio (*RPFR*) for the isotopic pair $CH_3NHD-CH_3NH_2$ and is equal to the ratio of the total quantum mechnical partition function to the total classical partition function for the given pair. Since in *RPFR* the contributions due to translational, electronic and nuclear spin factors tend to cancel out, the *RPFR* for the given isotopic pair reduces merely to the product of vibrational and rotational partition functions [8, 9]. This can be expressed as

$$S/S'f\{(CH_3NHD)/(CH_3NH_2)\} = \left[\frac{V_{CH_3NHD}}{V_{CH_3NH_2}}\right]\left[\frac{R_{CH_3NHD}}{R_{CH_3NH_2}}\right] \tag{7}$$

[1]) Address: Bombay 400 085, INDIA

Similar expression can be derived for the isotopic pair HD–H_2.

Thus, in order to evaluate the above *RPFR* for amine and hydrogen pairs, we have to evaluate vibrational and rotational partition function ratios for these pairs.

The vibrational *RPFR* for the isotopic amine pair can be expressed as

$$\left[\frac{V^{CH_3NHD}}{V^{CH_3NH_2}}\right] = \exp\,(hc(Z_0' - Z_0)/kT) \prod_{i=1}^{n} \times \frac{U_i(1 - e^{-U_i'})}{U_i'(1 - e^{-U_i})} \tag{8}$$

Where the primed quantities refer to the lighter isotope. In this expression, hcZ_0 represents the zero point energy (expressed in cm^{-1}) and U_i is given by.

$$U_i = hc\omega_i/kZ = 1{\cdot}4385\;\omega_i/T \tag{9}$$

Where ω_i is the fundamental harmonic frequency of vibration for the *i* th mode and *T*, the temperature in °K and n denotes the number of vibrational modes. Similar expressions can be obtained for the isotopic hydrogen molecules.

The rotational *RPFR* for the isotopic amine molecules which are asymmetric tops [7] can be calculated with the help of the expression given below:

$$\frac{(R_{CH_3NHD})}{(R_{CH_3NH_2})} = \frac{\left[1 + (BC)^{1/2}\left\{1 - \frac{(BC)^{1/2}}{A}\right\}\frac{hc}{kT}\right]}{\left[1 + (B'C')^{1/2}\left\{1 - \frac{(B'C')^{1/2}}{A'}\right\}\frac{hc}{kT}\right]} \tag{10}$$

Where *A*, *B*, *C* and *A'*, *B'*, *C'* are the rotational constants of CH_3NHD and CH_3NH_2 molecules respectively.

According to *Bigeleisen* and *Meyer* [8], the Rotational *RPFR* for the pair of isotopic hydrogens is given by

$$\left[\frac{R^{HD}}{R^{H_2}}\right] = 1 + \frac{(\sigma - \sigma')}{3} + \frac{(\sigma - \sigma')^2}{18} \tag{11}$$

where

$$\sigma = \frac{h^2}{8\pi^2 kI \cdot T} = \frac{40{\cdot}25 \times 10^{-40}}{I.T} \tag{12}$$

Here, *I* is the moment of inertia (in gcm^2) of HD and *T* is the temperature (in °K), σ' refers to H_2.

For the evaluation of vibrational *RPFR*, only the harmonic frequencies should be used while the zero point energies should be corrected for the anharmonicity of vibrations, especially in the low temperature region.

Eventhough many workers [10–12] have reported vibrational frequencies of monomethylamine and its deuterated counterparts, all these reported frequencies are invariably anharmonic. We have therefore used *Dennison's* rule [13] to calculated the harmonic frequencies, as given by

$$\nu_i = \omega_i(1 - X_i) \tag{13}$$

Where ν_i is the anharmonic frequency of the *i* th mode, ω_i is the corresponding harmonicity frequency and X_i is the anharmonicity constant. The anharmonic constants for deuterated and undeuterated species are related as

$$X_i' = X_i[\nu_i'/\nu_i] \tag{14}$$

In eq. (14) primed quantities refer to the deuterated species. These anharmonicity constants are available in literature [14]. The rotational constants *A*, *B*, *C*, for CH_3NH_2 and CH_3ND_2 molecules have been reported by *Gray* and *Lord* [11] and the corresponding constants for CH_3NHD were calculated by us. The spectroscopic data for the hydrogen isotope pair are taken from reference [9].

Using these data, α was calculated in the range of 193·15° to 373·15° K and these values are given in Tab. 1.

Tab. 1. Calculated separation factors for methylamine-hydrogen exchange

Temp °C	gas-gas exchange	liquid-gas exchange
−80	10·60	11·37
−60	8·02	8·45
−40	6·38	6·66
−20	5·27	5·44
0	4·48	4·59
20	3·90	3·98
40	3·46	3·50
60	3·11	3·14
80	2·84	2·86
100	2·61	2·62

b) *Liquid-gas exchange*

In the above discussion, we carried out evaluation of α when both the exchanging species were in gas phase. In actual process, however, methylamine is always kept in the liquid phase while the hydrogen provides the gas phase so that countercurrent exchange can be established. In order to obtain the separation factors for the liquid-gas exchange, the corresponding gas-phase separation factors must be multiplied by the vapour pressure ratios of the exchanging pair. For this purpose, we have used vapour pressures of deuterated methylamine, given by *Wolff* et al. [15]. These separation factors are also incorporated in Tab. 1.

3. Experimental Measurements

The deuterium fractionation occurs between the liquid amine and the dissolved hydrogen, which must be in isotopic equilibrium with the gaseous hydrogen which is always present above the liquid phase. To satisfy this condition, a thorough and efficient mixing of liquid and gas phases must be achieved during the experiment.

Essentially the experiment consists in (a) purifying methylamine, so that it is scrupulously clean and free of oxygenated impurities, (b) preparing potassium methylamide which acts as catalyst, (c) allowing this amide – amine solution to come to isotopic equilibrium with the hydrogen and (d) analysing both liquid and gas samples for their deuterium contents.

Methylamine is commercially available as its 40% aqueous solution. To obtain 98·4% pure methylamine, this aqueous solution was distilled in a S.S. distillation column packed with s.s. dixon rings. To obtain better accuracy in deuterium analysis, it was desirable to work with slightly enriched methylamine. For this purpose, the aqueous solution of methylamine was equilibrated with heavy water before carrying out distillation. The purification of this amine was achieved by passing it successively through traps containing potassium hydroxide, silica gel and molecular sieves. The final purification of this amine was carried out by distilling it over potassium metal. Tank hydrogen was purified by passing it over traps containing molecular sieves, cooled at liquid nitrogen temperatures. The purity of amine and hydrogen samples was monitored by gas chromatographic analysis.

Potassium methylamide which is a catalyst for this exchange can be prepared in situ by an action of methylamine on potassium metal. Traces of ferrous salt acts as catalyst for this preparation.

After equilibrium, the gas samples were withdrawn and analysed for their deuterium content in a Tomson CSF mass spectrometer, available in our laboratory. Liquid amine samples could not be analysed directly. They had to be converted to hydrogen, so that it can be directly analysed in the mass spectrometer. For this purpose we have standardized the reduction reaction of methylamine with lithium aluminium hydride [16] to yield hydrogen. This hydrogen was collected and analysed in the mass spectrometer for its deuterium concentration. This reaction is rapid, quantitative and reproducible but the conditions have to be rigorously maintained to obtain reliable results.

Depending on the range of temperatures and pressures, two different experimental set-up have been used:

a) Autoclave for high temperature and high pressure measurements.

b) Glass reaction cell for low temperature and sub-atmospheric pressures.

a) *High temperature measurements*

The measurement of seperation factors in the temperature range of 29 °C to 55 °C was carried out in an autoclave, schematically shown in Fig. 1. This autoclave has a built-in stirrer and is capable of withstanding pressures upto 300 bar.

About 70 g of finely divided potassium metal was charged into the autoclave and after evacuation, 3 litres of purified amine was transferred into the autoclave. Subsequently hydrogen gas was introduced, till the pressure of the system was about 100 bar. This amine-amide-hydrogen mixture in the autoclave could be heated to desired temperature upto 55 °C, within ±2 °C, the upper temperature limit being fixed by the decomposition of the amide catalyst [5].

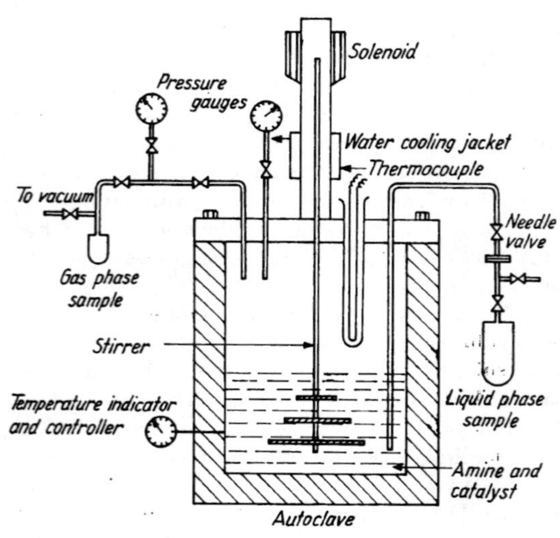

Fig. 1. Autoclave for high temperature measurements

Each run at a constant temperature consisted of allowing the amide-amine solution to come to isotopic equilibrium with hydrogen and withdrawing gas samples and analysing till no further change in their D-concentrations was observed.

Tab. 2. Separation factors for high temperature measurements*)

Temp °C	D/H Gas Phase ppm	Separation Factor α	Mean α
29	257·0	3·78 ± 0·05	3·73
	264·8	3·67 ± 0·06	
35	260·0	3·74 ± 0·02	3·72
	262·5	3·70 ± 0·02	
40	267·2	3·68 ± 0·08	3·60
	276·1	3·52 ± 0·08	
45	279·8	3·47 ± 0·005	3·47
	278·8	3·48 ± 0·005	
50	281·0	3·46 ± 0·02	3·44
	283·6	3·43 ± 0·01	
55	303·5	3·20 ± 0·01	3·21
	301·8	3·22 ± 0·01	

*) mean D/H of liquid amine phase = 972·0 ppm

D-concentration of the liquid phase did not change significantly during the exchange. This was confirmed by analysing intial, final and in some cases even intermediate liquid amine samples. Two sets of experiments were carried out — one in the ascending order and the other in the descending order of temperatures .The results obtained are given in Tab. 2.

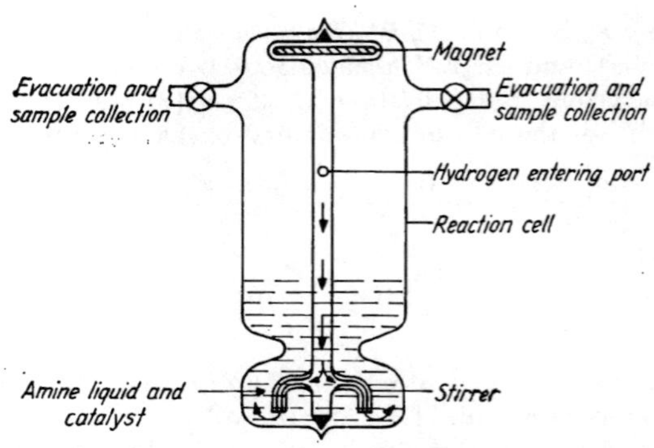

Fig. 2. Reaction cell for low temperatutres meaurements

b) *Low temperature measurements*

Low temperature measurements were carried out in a glass reaction cell [17], schematically shown in Fig. 2. This cell contained a hollow axle, ending in four capillary tubes, immersed in liquid amine. The rotations were performed with the help of a rotating magnet. Because of the rotation at high speed, hydrogen gas bubbled into the liquid amine and re-entered the axle through a hole. A very efficient and thorough mixing of liquid and gas phase was achieved. Temperature range of −30 to −70 °C was investigated. Townsend and Mercer minus seventy cryostat which was capable of controlling temperatures within ±0·1 °C was used for these measurements.

In this case also, two sets of measurements were performed — one in the ascending order and the other in the descending order of temperature. An exactly similar procedure, as described in the previous section was followed and D-concentrations of liquid and gas samples were obtained. From these, α was computed for different temperatures. These results are given in Tab. 3.

Tab. 3. Separation factors for low temperature measurements*)

Temp °C	D/H Gas Phase ppm	Separation Factor α	Mean α
− 70	85·9	9·08 ± 0·05	9·03
	86·8	8·99 ± 0·04	
− 60	98·6	7·91 ± 0·16	8·07
	94·7	8·23 ± 0·16	
− 40	128·6	6·07 ± 0·08	6·15
	125·2	6·23 ± 0·08	
− 30	143·2	5·45 ± 0·03	5·48
	141·5	5·51 ± 0·03	

*) mean D/H of liquid amine phase = 780·0 ppm

4. Results and Discussion

It can be seen from Tab. 2 and 3, that α is very sensitive to temperature and in general increases with decreasing temperatures. This temperature dependence can be represented by

$$\ln \alpha = A/T + B \tag{15}$$

Where the slope A corresponds to the heat of isotopic exchange reaction and is equal to $\Delta H/R$. ΔH was found to be 4·72 KJ/mole which compares very favourably with the theoretical value of 4·67 KJ/mole, calculated from the theoretical values of α.

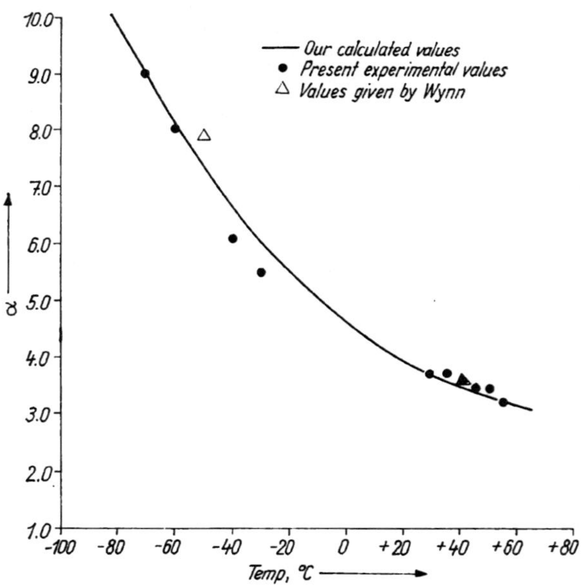

Fig. 3. Separation factors as a function of temperature

The experimental values of α are compared with our theoretical values in Fig. 3, and as can be seen, there is a very good agreement between two sets of results. Our values are also in agreement with the values of *Wynn* [18] reported for the bithermal amine-hydrogen exchange process.

Conclusion

This paper reports the systematic measurements of deuterium separation factors for methylamine — hydrogen exchange and compares these values with theoretical values, calculated from the spectroscopic data. Both these results are in good agreement. In view of the emerging importance of the amine-hydrogen exchange process for the production of heavy water, these should prove to be very useful for designing future heavy water plants, based on this process.

Acknowledgement

Authors are very thankful to Shri *P. G. Desphande* for his interest in this work.

Received January 6, 1982

References

[1] *K. Bar-Eli, F. S. Klein*, J. Chem. Soc. **1962** 3038
[2] *A. R. Kenyon, D. Pepper*, J. Appl. Chem. **1964** 399
[3] *A. R. Bancroft, H. K. Rae*, Atomic Energy Canada Ltd., Report No. AECL-3684 (1970)
[4] *S. M. Dave*, Bhabha Atomic Research Centre, B.A.R.C. Report No. I/411 (1976)
[5] *H. K. Rae* (Ed), Separation of Hydrogen Isotopes, ACS Symposium series 68 (1978) pp. 1, 40, 53
[6] *E. Rochard*, CEA-R-3835 (1970); *E. Rochard, J. Ravoire*, J. Chim. Phys. 68 (1971) 1183
[7] *S. M. Dave*, Bhabha Atomic Research Centre, Bombay, B.A.R.C. Report No. 1055 (1980)
[8] *J. Bigeleisen, M. G. Meyer*, J. Chem. Phys. **15** (1947) 261
[9] *S. M. Dave, S. Raman, S. Srisaila, A. S. Kalsi, H. K. Sadhukhan*, Indian J. Chem. **16A** (1978) 940
[10] *H. Wolff, H. L. Ludwig*, Ber. Bun. Phys. Chem. **70** (1966) 474
[11] *A. P. Gray, R. C. Lord*, J. Chem. Phys. **26** (1957) 690
[12] *P. Pulay, F. Torok*, J. Molec. Struc. **29** (1975) 239
[13] *S. M. Dave, S. K. Ghosh, H. K. Sadhukhan*, Indian J. Chem. **20** A (1981) 1107
[14] *J. L. Duncun, A. Allan, D. C. Mckean*, Mol. Phys. **18** (1970) 289
[15] *H. Wolff, A. Hoffner*, Ber. Bun. Phys. Chem. **69** (1965) 710
[16] *S. M. Dave, N. C. Goomer*, Proc. Seminar on Mass Spectrometry — Applications and Current Trends, Bombay, March 20 – 22 (1978), p. 232
[17] *J. Ravoire*, P. Grandcollot, G. Dirian, Chim. Phys. **60** (1963) 130
[18] *N. P. Wynn*, Sulzer Tech. Rev. **60** (1978) 162

Einfluß von Röntgenstrahlung auf die Synthese und den Gehalt der Nukleinsäuren in Milz und Knochenmark von Ratten

T. Szabová, A. Dudová, E. Mišurová

(Lehrstuhl der allgemeinen Biologie der Naturwissenschaftlichen Fakultät von P. J. Safarik Universität, Kosice)[1])

Nach einmaliger Bestrahlu·g mit der Dosis 154,8 mC/kg (600 R) wurden die quantitativen Veränderungen der Nukleinsäuren 7 Tage lang verfolgt und außerdem das ^{3}H-Thymidin und die ^{14}C-Orotsäure „in vivo" in der Milz und im Knochenmark untersucht. Es konnte festgestellt werden, daß in den blutbildenden Organen — in der Milz und im Knochenmark —, die eine große wuchernde Aktivität haben, große Veränderungen in allen untersuchten Kennziffern eingetreten sind. Das Ausmaß der Nukleinsäurenschädigung korreliert nicht nur mit der wuchernden Aktivität, sondern auch mit der DNS-Konzentration im Organ. Die DNS-Veränderungen waren wesentlich größer als die Veränderungen der RNS.

Keywords

biological radiation effects; nucleic acids; organs; radiosensitivity; rats; X-ray radiography

Eine der auffälligsten Veränderungen der blutbildenden Organe — was auch nach Einwirkung von relativ niedrigen Dosen der ionisierenden Strahlung feststellbar ist — ist die Massenabnahme der Organe. Die Abnahme des DNS-Gesamtgehaltes in sensitiven Organen ist im allgemeinen nach erfolgter Bestrahlung um ein mehrfaches größer als die Abnahme ihrer Konzentration. Die Differenz wird durch eine gleichzeitige Abnahme der Zellzahl und der Organmasse verursacht.

In der Milz und im Knochenmark ist das Bild der Beschädigung nach verschiedenen Dosen (100—950 rd) bei einer einmaligen Röntgenbestrahlung ähnlich, die Regenerationsfähigkeit ist aber sehr verschieden [1]. In der Milz und im Knochenmark kann man nach der Bestrahlung die quantitative Veränderung der Nukleinsäuren sehr schnell feststellen, es kommt zu jähen Abnahmen der Konzentrationen und des DNS-Gehaltes und die gesenkten Niveaus dauern bis zum Ende des Versuches [2, 3] an. Eine Verringerung der DNS-Replikationssynthese widerspiegelt teilweise die verminderte ^{3}H-Thymidin-Inkorporation. Eine Steigerung der spezifischen DNS-Aktivität beginnt zuerst im Knochenmark, und erst später beginnt die DNS-Biosynthese in der Milz [4—6].

Material und Methodik

Für den Versuch wurden erwachsene Männchen des Stammes Wistar mit einem Durchschnittsgewicht von 180 g benutzt. Die Tiere wurden im Tierhaus unter standardisierten Bedingungen gehalten. Vor dem Versuch wurden sie gewogen und in zwei Gruppen geteilt: 1. Gruppe bestrahlte Tiere; 2. Gruppe Kontrolltiere.

Die Ratten der 1. Gruppe wurden einmalig einer Gesamtkörperexposition von 154,8 mC/kg (600 R) Röntgenstrahlung mit dem therapeutischen Gerät TUR-T-250 bestrahlt. Sie wurden 6, 12, 18, 24, 30, 48, 72 und 168 Stunden nach der Bestrahlung in bezug auf die Synthese und den Gehalt an Nukleinsäuren in der Milz und im Knochenmark untersucht. Drei Stunden vor der Tötung wurden den Tieren intraperitonal die radioaktiv-markierten Präkursore ^{3}H-Thymidin und ^{14}C-Orotsäure gegeben (auf 100 g Masse der Tiere 2 MBq ^{3}H und 0,17 MBq ^{14}C in 0,2 ml physiologischer Lösung). Nach einer 3stündigen leichten Narkose wurden die Tiere durch Aortadurschschnitt getötet. Die entnommenen Organe wurden mit der Methode von *Canev* und *Markov* [7] weiter verarbeitet.

Die Nukleinsäurenkonzentration in den entsprechenden Hydrolysaten wurden auf der Grundlage der UV-Absorptionsspektroskopie an den zwei Wellenlängen bestimmt, während die Radioaktivität in einer *Bray*-Szintillationslösung auf dem Szintillatorgerät LKB-Wallac 81000 gemessen wurde. Die erhaltenen Ergebnisse wurden statistisch mit Hilfe der Variationsanalyse und dem *Duncan*-Test [8] ausgewertet.

Ergebnisse

Bei den bestrahlten Tieren, wie auch bei den Kontrolltieren wurden in den entnommenen Organen folgende Kennziffern untersucht:

1. Organmasse
2. Konzentration der DNS und RNS (µmol P/100 g des Gewebes)
3. Gehalt DNS und RNS (µmol P/Organ)
4. spezifische Aktivität der DNS und RNS (DPM/mg DNS und RNS, ausgedrückt in % der Kontrollwerte)
5. DPM/g des Gewebes

Milz

Eine signifikante Abnahme der Milzmasse stellte man schon 6 Stunden nach der Bestrahlung (Abb. 1) fest. Die Abnahme der Organmasse setzte sich bis zum Erreichen der Minimalwerte um 48—72 Stunden nach der Bestrahlung fort. Im Vergleich mit den Kontrollen waren im Verlauf dieser Zeitspanne die Werte der Kennziffern bis auf $^1/_3$ der Ausgangswerte gesunken. Bis zum 7. Tag wuchs die Organmasse mäßig an.

Als statistisch signifikant kann die quantitative DNS-Veränderung in der Milz nach erfolgter Bestrahlung während des ganzen Versuchs angesehen werden. Die Konzentration und der Gehalt der DNS sanken schon nach 6 Stunden (Abb. 2) ab. Am schnellsten war dieser Prozeß während der ersten 18 Stunden nach der Bestrahlung und führte zu

[1]) Anschrift: Srobarova 57, 041 67 Kosice, ČSSR

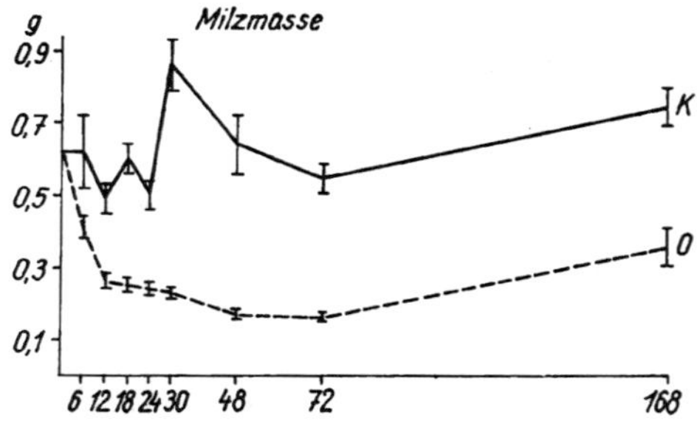

Abb. 1. Milzmasse der Ratten in verschiedenen Intervallen nach der Exposition 154,8 mC/kg der Röntgenstrahlung
K – Kontrolltiere; 0 – Bestrahlte Tiere

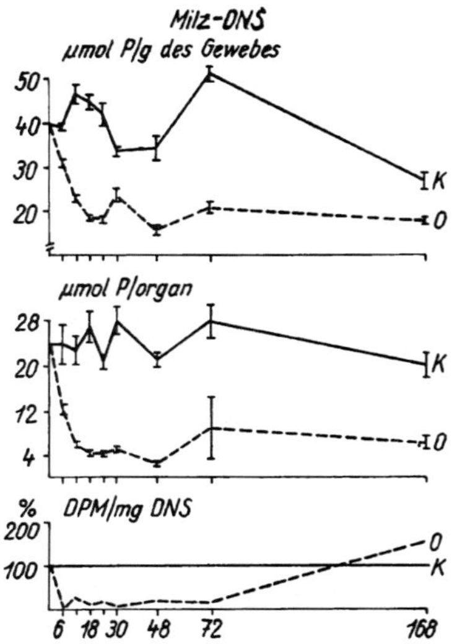

Abb. 2. DNS-Konzentration (µmol P/g des Gewebes), DNS-Gehalt (µmol P/Organ) und spezifische DNS-Aktivität (DPM/mg DNS) in der Milz der Ratten in verschiedenen Intervallen nach der Exposition 154,8 mC/kg der Röntgenstrahlung
K – Kontrolltiere; 0 – Bestrahlte Tiere

einer Konzentrationsabnahme und einer DNS-Gehaltsabnahme nach 48 Stunden. Die Werte der Konzentration und des DNS-Gehaltes blieben dann etwa auf gleichem Niveau bis zum Ende des Versuches. Die Inkorporation des Präkursors in die DNS wurde während der ersten drei Tage inhibiert (Abb. 2). Die spezifische DNS-Aktivität stieg während der zweiten Hälfte des Experiments so an, daß sie nach 168 Stunden statistisch das Kontrollniveau überragte, während der Wert des DPM/g des Gewebes in den ersten drei Tagen statistisch abgesunken war (Tab. 1).

Die Konzentrationsveränderungen bei der RNS waren ähnlich denen bei der DNS. Die niedrigste Konzentration konnte nach 30 Stunden (Abb. 3) festgestellt werden. Das statistisch deutliche Abnehmen der RNS-Konzentration und die Abnahme der Organmasse befinden sich in Überein-

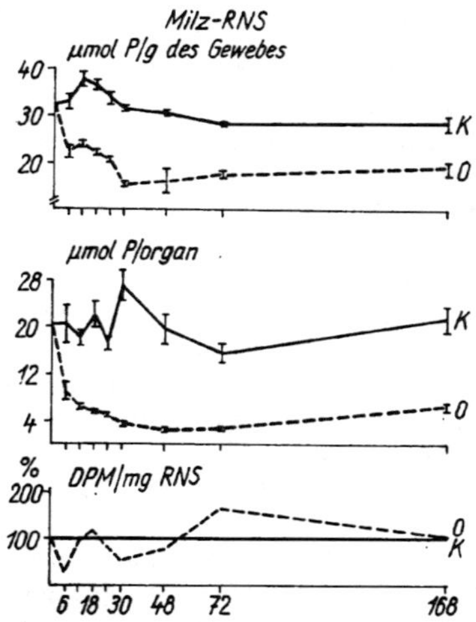

Abb. 3. RNS-Konzentration (µmol P/g des Gewebes), RNS-Gehalt (µmol P/Organ) und spezifische Aktivität der RNS (DPM/mg RNS) in der Milz der Ratten in verschiedenen Intervallen nach der Exposition 154,8 mC/kg der Röntgenstrahlung
K – Kontrolltiere; 0 – Bestrahlte Tiere

Tab. 1. ^{3}H-Thymidinaktivität und ^{14}C-Orotsäureaktivität (DMP/g des Gewebes) und spezifische DNS- und RNS-Aktivität (DPM/mg DNS, RNS) in der Milz

Stunden nach der Bestrahlung		DPM × 10⁵ g des Gewebes	DPM × 10³/mg DNS	DPM × 10³ g des Gewebes	DPM × 10³/mg RNS
6	0	0,76 ± 0,08**)	7,87 ± 0,86**)	15,08 ± 1,87**)	2,17 ± 0,18**)
	K	16,81 ± 4,34	137,24 ± 33,79	86,59 ± 5,47	8,43 ± 0,49
12	0	1,02 ± 0,11**)	27,22 ± 11,80*)	9,44 ± 0,32**)	1,26 ± 0,05
	K	14,55 ± 2,03	101,59 ± 15,32	15,90 ± 1,47	1,36 ± 0,12
18	0	0,84 ± 0,76**)	14,82 ± 1,55**)	10,78 ± 0,61*)	1,58 ± 0,10
	K	15,20 ± 3,81	108,47 ± 25,89	15,06 ± 1,23	1,32 ± 0,08
24	0	1,69 ± 0,21**)	29,37 ± 2,92**)	10,76 ± 0,33**)	1,65 ± 0,03
	K	20,67 ± 4,75	160,70 ± 37,30	21,30 ± 2,99	2,01 ± 0,25
30	0	0,44 ± 0,02**)	5,93 ± 0,08**)	19,92 ± 1,48**)	4,25 ± 0,44**)
	K	9,49 ± 0,93	91,37 ± 11,69	84,52 ± 0,40	8,60 ± 0,10
48	0	1,21 ± 0,21**)	24,90 ± 3,90**)	22,86 ± 1,52**)	4,99 ± 0,80
	K	13,26 ± 1,06	126,19 ± 13,04	62,92 ± 8,64	6,59 ± 0,88
72	0	1,40 ± 0,22**)	21,51 ± 2,87	13,81 ± 1,12	2,57 ± 0,20**)
	K	18,85 + 1,46	119,81 + 10,22	13,37 + 1,37	1,52 + 0,15
168	0	1,45 ± 3,28	256,46 ± 48,78**)	12,25 ± 1,21*)	2,08 ± 0,09
	K	1,12 ± 1,04	138,49 ± 9,16	17,11 ± 0,96	1,94 ± 0,05

In der Tabelle sind die durchschnittlichen Standardabweichungen der Mittelwerte angegeben. Das statistische Signifikanzniveau zwischen der bestrahlten (0) und der nichtbestrahlten (K) Tiergruppe betrug *) $-P < 0,05$, **) $-P < 0,01$.

stimmung mit dem RNS-Gehalt in der Milz. Minimalwerte stellte man 30 bis 72 Stunden nach der Bestrahlung fest. In den folgenden Zeitintervallen wuchsen diese nur sehr gering an. Eine statistisch deutliche Abnahme der spezifischen RNS-Aktivität stellte man 6 bis 30 Stunden nach der Bestrahlung fest. Am 3. Tag nach der Bestrahlung überragte die spezifische Aktivität um 50% das Kontrollniveau. Am Ende des Versuchs war die spezifische RNA-Aktivität wieder im Bereich der Kontrollwerte. Die ^{14}C-Orotsäureaktivität war nach 72 Stunden vorübergehend sehr gering angestiegen; in den nächsten Zeitintervallen war sie wieder signifikant abgesunken (Tab. 1).

Knochenmark

Die DNS-Konzentration im Knochenmark sank bereits 6 Stunden nach der Bestrahlung (Abb. 4) deutlich ab. Bis zum Ende des ersten Tages sank die Konzentration ungefähr auf ein Zehntel und nach 72 Stunden war sie nur noch ein dreißigstel der entsprechenden Kontrollwerte. Die Konzentration blieb dann bis Ende des Versuches auf diesem niedrigen Niveau. Die spezifische DNS-Aktivität stieg nach vorübergehender Abnahme zwischen der 6. und der 18. Stunde an, nach 168 Stunden überragte sie um ein dreifaches das Kontrollniveau. Statistisch deutlich war während des ganzen Versuches die ^{3}H-Thymidinaktivität (Tab. 2) abgesunken.

Zu der bedeutenden Abnahme der RNS-Konzentration kommt es im Verlaufe der ersten 12 Stunden nach der Bestrahlung (Abb. 5, Tab. 2). Am 3. Tag wird der Minimalwert von etwa $^{1}/_{16}$ der Kontrollwerte erreicht und bleibt dann etwa auf gleichem Niveau bis zum 7. Tag nach der Bestrahlung. Die Inkorporation der Präkursore in die RNS schwankt dabei beträchtlich. Bei einer nicht-signifikanten Abnahme nach 6 Stunden war die spezifische RNS-Aktivität 12 bis 18 Stunden nach der Bestrahlung vorübergehend wieder angewachsen. Zu einem weiteren schnellen Anwachsen kam es während des 3. Tages nach der Bestrahlung, so daß nach 72 Stunden — als Höhepunkt erreicht

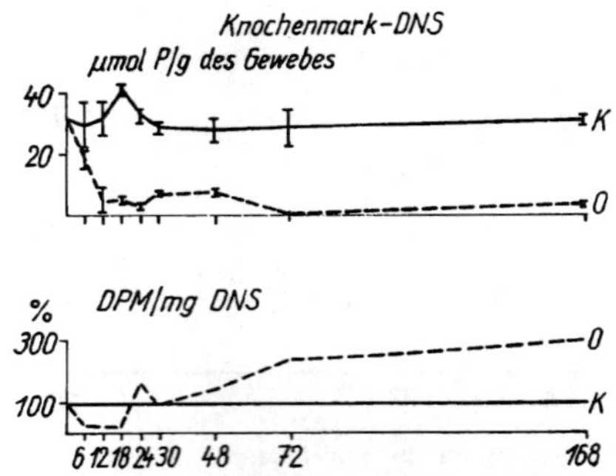

Abb. 4. DNS-Konzentration (μmol P/g des Gewebes) und spezifische DNS-Aktivität (DPM/mg DNS) im Knochenmark in verschiedenen Zeitintervallen nach der Exposition 154,8 mC/kg der Röntgenstrahlung
K — Kontrolltiere; 0 — Bestrahlte Tiere

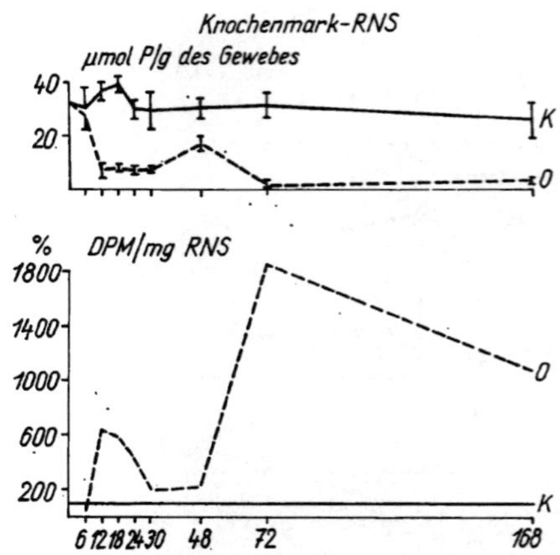

Abb. 5. RNS-Konzentration (μmol P/g des Gewebes) und spezifische RNS-Aktivität (DPM/mg RNS) im Knochenmark der Ratten in verschiedenen Intervallen nach der Exposition 154,8 mC/kg der Röntgenstrahlung
K — Kontrolltiere; 0 — Bestrahlte Tiere

Tab. 2. ^{3}H- und ^{14}C-Aktivität im Gewebe (DPM/g des Gewebes) und spezifische DNS- und RNS-Aktivität (DPM/mg DNS und RNS) im Knochenmark

Stunden nach der Bestrahlung		DPM × 10⁵ g des Gewebes	DPM × 10³/mg DNS	DPM × 10³ g des Gewebes	DPM × 10³/mg RNS
6	0	1,32 ± 0,14	69,89 ± 7,21*)	73,68 ± 13,18*)	9,58 ± 2,63
	K	3,86 ± 1,05	183,14 ± 31,01	118,61 ± 15,93	19,66 ± 0,45
12	0	0,68 ± 0,22**)	35,35 ± 0,85	60,33 ± 7,07	32,68 ± 7,65**)
	K	10,30 ± 0,18	103,46 ± 5,47	49,64 ± 7,58	5,11 ± 0,73
18	0	0,67 ± 0,05**)	34,03 ± 2,60	45,60 ± 4,26	20,32 ± 3,25*)
	K	13,98 ± 1,33	108,52 ± 9,59	42,40 ± 4,27	3,43 ± 0,14
24	0	1,14 ± 1,20**)	173,45 ± 75,02	53,71 ± 8,08	25,23 ± 4,62**)
	K	10,59 ± 0,94	105,18 ± 11,00	51,83 ± 7,52	5,87 ± 0,99
30	0	1,17 ± 0,12**)	151,51 ± 4,48	73,73 ± 15,93	32,64 ± 6,48
	K	4,97 ± 0,06	152,63 ± 19,63	94,51 ± 14,87	15,86 ± 1,49
48	0	1,26 ± 0,40	147,73 ± 22,10	79,29 ± 11,62	1,62 ± 8,24
	K	2,11 ± 0,57	97,94 ± 22,85	51,27 ± 9,37	7,03 ± 2,18
72	0	0,86 ± 0,19**)	217,51 ± 27,80*)	94,14 ± 8,97**)	116,99 ± 7,95**)
	K	7,49 ± 1,01	87,58 ± 9,07	36,70 ± 3,11	6,33 ± 1,21
168	0	5,28 ± 1,24**)	427,26 ± 88,04**)	65,39 ± 3,34*)	58,76 ± 7,25**)
	K	13,72 ± 0,96	139,05 ± 3,60	41,57 ± 3,09	5,44 ± 0,51

In der Tabelle sind die durchschnittlichen Standardabweichungen der Mittelwerte angegeben. Das statistische Signifikanzniveau zwischen der bestrahlten (0) und nichtbestrahlten (K) Tiergruppen betrug $* - P < 0{,}05$, $**) - P < 0{,}01$

wurde — die spezifische RNS-Aktivität im Vergleich mit den Kontrollierten 18 mal erhöht war. Die spezifische Aktivität blieb dann bis zum Ende des Versuches erhöht. DPM/g des Gewebes war bereits 6 Stunden nach der Bestrahlung statistisch deutlich abgesunken. In den folgenden Zeitintervallen erreichte sie im Vergleich mit den Kontrollen höhere Werte (Tab. 2).

Diskussion

Beim Vergleich der quantitativen Veränderungen beider Nukleinsäuren ist offensichtlich, daß die DNS-Veränderungen bei einer Bestrahlung markanter waren als die RNS-Veränderungen. Der Umfang der Beschädigung korreliert nicht nur mit einer Zellteilungsaktivität, sondern auch mit dem Umfang der DNS-Synthese und mit der DNS-Konzentration in den untersuchten Organen.

Die quantitativen Veränderungen der Nukleinsäuren sind in den blutbildenden Organen nach der Bestrahlung sehr schnell feststellbar. Während der ersten 12 Stunden kam es zur schnellen Abnahme der Konzentration, vor allem des DNS-Gehaltes und die erniedrigten Niveaus dauerten bis Ende des Versuches an. Ähnliche Ergebniss erreichten auch andere Autoren [2, 3] bei Anwendung von vergleichbaren Strahlungsdosen. In der Milz ist die Gehaltsabnahme der DNS dreimal größer als die Abnahme der DNS-Konzentration. Dies wurde durch die Abnahme der Organmasse nach der Bestrahlung im Verlauf des ersten Tages verursacht, und die Minimalwerte befanden sich in Übereinstimmung mit den Ergebnissen von *Berenborn* und *Peters* [9], die 48—72 Stunden nach der Bestrahlung erreicht wurden.

Die Erniedrigung der DNS-Replikationssynthese widerspiegelt die teilweise verminderte ^{3}H-Thymidininkorporation. Die spezifische DNS-Aktivität sank im Knochenmark während des ersten Tages auf 30% und in der Milz auf 10—20% der Kontrollwerte. In den folgenden Zeitintervallen wuchs die Inkorporation mittels des Präkursors in DNS in Übereinstimmung mit den Literaturangaben [10, 11] an und ging in einer normale Geschwindigkeit der DNS-Synthese über. Das Anwachsen der spezifischen DNS-Aktivität beginnt zuerst im Knochenmark (nach 18 Stunden), und erst später regeneriert sich die DNS-Biosynthese in der Milz (nach 72 Stunden). Einen ähnlichen Verlauf beobachteten auch *Moskaleva* [4], *Frenkel* und Mitarb. [5], *Fausto, Van Lancker* [6].

Die einzelnen Organe unterscheiden sich nicht nur in Umfang und Dauer der Inhibition der DNS-Synthese nach der Bestrahlung voneinander, sondern auch im Grad ihrer Aktivierung in den folgenden Tagen. Im Knochenmark wuchs die ^{3}H-Thymidininkorporation nach 72 und 168 Stunden um das 2,5- bis 3fache an, in der Milz dagegen stieg sie nach 168 Stunden über das Niveau der Kontrollwerte nur um 50% an. Mehrere Autoren [12, 13] stellten fest, daß die Präkursore in dieser Zeit in die restliche Fraktion der überlebenden Zellen inkorporiert werden, und die erhöhte DNS-Synthese ist ein Zeichen für den Beginn einer postradiativen Geweberegeneration.

Der Erhöhung der ^{3}H-Thymidininkorporation kam der Anstieg der ^{14}C-Orotsäureninkorporation in RNS zuvor. Diese Erscheinung ist wahrscheinlich in erster Linie auf eine Eiweißsynthesesicherung zurückzuführen, einschließlich der dazu notwendigen Enzyme für die Zellfunktionssicherung und ihre Vorbereitung auf die Teilung.

Die Inkorporation der ^{14}C-Orotsäure in die RNS überstieg das Niveau der Kontrollwerte in der Milz nach 72 Stunden um 60% und im Knochenmark nach 12—18 Stunden und nach 72 Stunden bis 6, respektive um das 18fache. Wir vermuten, daß diese große synthetische RNS-Aktivität im Knochenmark mit der Entwicklung der erythroiden Elemente zusammenhängt.

Zusammenfassung

Auf Grund unserer Ergebnisse bei einer einmaligen Gesamtkörperbestrahlung mit 154,8 mC/kg Röntgenstrahlung auf die Synthese und den Gehalt der Nukleinsäuren in der Milz und im Knochenmark der Ratte können folgende Schlußfolgerungen gezogen werden:

1. In den blutbildenden Organen — der Milz und dem Knochenmark —, die eine hohe wuchernde Aktivität haben, sind die Veränderungen in allen Kennziffern sehr groß.
2. Der Beschädigungsumfang korreliert nicht nur mit der wuchernden Aktivität, sondern auch mit der DNS-Konzentration im Organ.
3. Die DNS-Veränderungen waren größer als die Veränderungen der RNS.

Eingegangen am 6. Oktober 1981
Überarbeitete Fassung am 20. Januar 1982

Literatur

[1] *J. G. Sharp, D. B. Thomas,* Radiation Research **64** (1975) 293
[2] *E. W. Davis, L. J. Cole,* Radiation Research **14** (1961) 104
[3] *A. W. Law, E. M. Mole,* J. Radiation Biology **3** (1961) 233
[4] *E. Ю. Москалева* Радиобиология **2** (1975) 602
[5] *E. P. Frenkel, Y. Sugino, F. C. Bishop, R. L. Potter,* Radiation Research **19** (1963) 701
[6] *N. Fausto, J. L. Van Lancker,* Radiation Research **19** (1963) 203
[7] *П. Г Цанев, Г. Г. Марков* Биохимия **25** (1960) 151
[8] *D. E. Duncan,* Biometrica **11** (1955) 1
[9] *M. Berenbom, E. R. Peters,* Radiation Research **6** (1956) 515
[10] *J. S. Thompson, Ch. D. Severson, R. W. Reilly,* Radiation Research **29** (1966) 537
[11] *O. F. Nygaard, R. L. Potter,* Radiation Research **10** (1959) 462
[12] *Y. Sugino, E. P. Frenkel, R. L. Potter,* Radiation Research **19** (1963) 682
[13] *D. Suciu, Z. Uray, M. Mariu,* Int. J. of Radiation Biology **5** (1976) 409

Kurze Originalmitteilungen

Zur Bestimmung des Residualvolumens der Lunge mit ^{15}N

R. Reinhardt[1]), *H. Faust*[1]), *J. Schauer*[2])

([1]) Zentralinstitut für Isotopen- und Strahlenforschung Leipzig der Akademie der Wissenschaften der DDR,
[2]) Medizinische Klinik der Karl-Marx-Universität Leipzig)

Keywords

breath; diagnostic techniques; emission spectroscopy; lungs; medicine; nitrogen 15; respiratory system diseases; tracer techniques

Mit der Entwicklung von Routinegeräten für die ^{15}N-Isotopenanalyse hat der Einsatz des stabilen Stickstoffisotopes ^{15}N in der medizinischen Forschung in den letzten Jahren an Bedeutung gewonnen [1, 2]. Zur Erweiterung der Einsatzmöglichkeiten des ^{15}N-Analysators ISONITROMAT 5200 wurden Methoden erarbeitet, die es gestatten, gasförmige Proben in Form von N_2 oder Luft direkt zu messen [3]. Die Anwendung dieser Methoden zur Bestimmung des Residualvolumens der Lunge (diejenige Luftmenge, die nach maximaler Exspiration noch in der Lunge verbleibt) und darüber hinaus zur Beurteilung der Ventilationsbedingungen anhand von Mischkurven soll hier kurz dargestellt werden.

Die klinischen Versuche erfolgten mittels der Gerätekombination ISONITROMAT 5200 — Spirograph Lode D-52, wobei beide Geräte über eine automatisierte Dosiervorrichtung gekoppelt wurden. Das Residualvolumen sowie die Mischkurven wurden analog der Gasmischmethode [4, 5] im geschlossenen System bestimmt. Das in der Spirometerglocke vor der Atmung befindliche Testgas (Stickstoffmenge $= V_S$, ml, ^{15}N-Häufigkeit $= a_S$, %) entspricht der Normalluftzusammensetzung, wobei ein Teil des Luftstickstoffs durch $^{15}N_2$ ersetzt ist.

Zur Bestimmung des Residualvolumens atmet die Testperson im geschlossenen Kreislauf des Spirometers. Nach vollständiger Mischung des Spirometer- und Lungenstickstoffs (Versuchsende) erhält man die Mischhäufigkeit, die als a_m bezeichnet wird. Die ^{15}N-Häufigkeit des Lungenstickstoffs vor der Atmung a_L entspricht der natürlichen ^{15}N-Häufigkeit von 0,37%. Aus diesen Größen läßt sich über eine einfache Beziehung die Stickstoffmenge des Residualvolumens der Lunge:

$$RV_N = \frac{V_S(a_S - a_m)}{a_m - a_L}, \quad \text{ml}$$

bzw. direkt das Residualvolumen berechnen:

$$RV = \frac{V_S(a_S - a_m)}{a_m - a_L} \cdot 1{,}25, \quad \text{ml}$$

da für den Residualvolumenstickstoff rund 80% des Gesamtvolumens angesetzt werden kann.

Während der Bestimmung des Residualvolumens ist es aufgrund der in regelmäßigen Abständen stattfindenden Messung der ^{15}N-Häufigkeit des Stickstoffs des Spirometers möglich, den zeitlichen Verlauf der Abnahme der ^{15}N-Häufigkeit in Abhängigkeit vom ventilierten Volumen zu verfolgen.

[1]) Anschrift: 7050 Leipzig, Permoserstr. 15

Sowohl die Größe des Anteils des Residualvolumens an der Totalkapazität der Lunge als auch der zeitliche Verlauf der ^{15}N-Häufigkeit des Spirometer-Stickstoffs während der Mischung lassen Rückschlüsse auf eventuell vorhandene Lungenschäden bzw. Ventilationsstörungen zu. Dabei ist das Verhältnis des Residualvolumens zur Totalkapazität besonders bei der Beurteilung des Schweregrades eines Emphysems sowie des Krankheitsverlaufes bei Asthma bronchiale von Bedeutung.

Tab. 1. Mit ^{15}N bestimmte Residualvolumina (*RV*) von Gesunden und Emphysematikern

Nr.	Code	Alter a	Totalkapazität *TK* ml	Residualvolumen *RV* ml	*RV* % der *TK*
1	FT 6	50	8115	2515	31
2	FT 7	41	5376	1036	19
3	FT 8	29	6977	1827	27
4	FT 14	48	5993	2943	49
5	FT 16	70	6032	3032	50
6	FT 17	60	7311	3311	45

Die Bestimmung des Residualvolumens mittels ^{15}N wurde an Gesunden und Patienten (Emphysematiker) durchgeführt. Die Ergebnisse sind in Tab. 1 dargestellt. Die unter den Nummern 1 bis 3 eingetragenen Daten für das Residualvolumen sind als normal anzusehen; wenn der Normalbereich des Residualvolumens von 20 ... 35% der Totalkapazität zugrunde gelegt wird [6]. Bei den Probanden 4 bis 6 zeigen sich deutliche Abweichungen vom Normalbereich, die als pathologisch zu betrachten sind (es handelt sich hier um Emphysematiker). Der relative Fehler der Methode liegt bei 8%, wobei der durch das isotopenanalytische Verfahren hervorgerufene Fehler nur ein Fünftel des Gesamtfehlers beträgt.

Zur Charakterisierung der Ventilationsbedingungen der Lunge lassen sich die während der Residualvolumenbestimmung aufgenommenen Mischkurven verwenden. Wie Abb. 1 zeigt, verlaufen im Normalfall die Kurven steil und nahezu geradlinig. Der Streubereich bei 10 gesunden Personen lag innerhalb der schraffierten Zone. Deutlich außerhalb des Bereiches verlaufen die Kurven der Versuche FT 14 und FT 17.

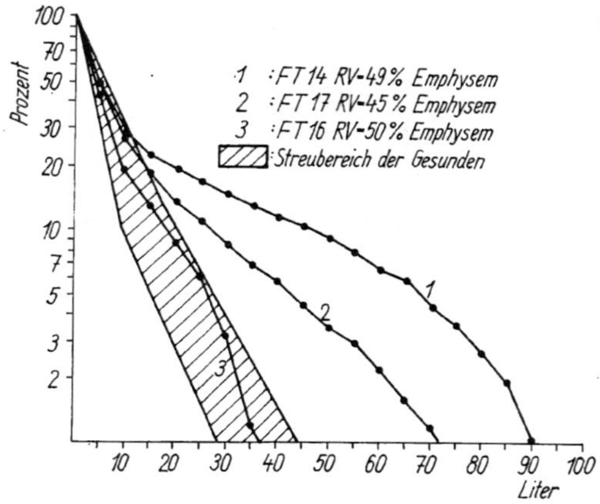

Abb. 1. $^{15}N_2$-Mischkurven im geschlossenen System
Abszisse: Ventiliertes Volumen in Litern
Ordinate: Differenz der ^{15}N-Häufigkeit des Lugenstickstoffs a_L zur ^{15}N-Mischhäufigkeit a_m, die nach vollständiger Mischung des Stickstoffs der Lunge und des Spirometers erreicht wird (in %)

Bei der Kurve FT 14 handelt es sich um einen Patienten mit Lungenemphysem, bei dem der Anteil des Residualvolumens 49% der Totalkapazität ausmacht. Man erkennt deutlich, daß eine ungleichmäßige Ventilation vorliegt, das heißt, es bestehen neben gut belüfteten Lungenbezirken (steiler Abschnitt der Kurve) auch schlecht ventilierte (flacher Abschnitt). Ähnlich verhält es sich bei Versuch FT 17. Hier handelt es sich um einen Probanden, der bisher nicht wegen einer Lungenkrankheit in klinischer Behandlung war. Sowohl aus dem erhöhten Anteil des Residualvolumens an der Totalkapazität ($RV = 45\%$ der TK), als auch aus dem Verlauf der Mischkurve läßt sich auf eine ungleichmäßige Belüftung sowie auf eine gewisse Lungenschädigung schließen, die durch spezielle klinische Methoden diagnostiziert werden müßte. Der Proband ist seit 40 Jahren Raucher (ca. 20 Zigaretten täglich), so daß es sich bei dem vom Normalen abweichenden Ventilationsverhalten der Lunge vermutlich um ein chronisches Emphysem infolge starken Rauchens handelt. Um repräsentative Aussagen über den Einfluß des Rauchens auf die Ventilationsbedingungen der Lunge machen zu können, müssen weitere Versuche durchgeführt werden.

Die Werte des Versuches FT 16 liegen im Streubereich der Gesunden, obwohl hier ebenfalls der Fall eines Patienten mit Lungenemphysem vorliegt. Das Residualvolumen wurde mit 50% der Totalkapazität bestimmt. Dies entspricht einem schweren Emphysem. Aus der Mischkurve kann aber abgeleitet werden, daß die Lunge dieses Patienten gleichmäßig belüftet wird, d. h. also, daß ein Emphysem nicht immer mit ungleichmäßiger Belüftung der Lunge einhergehen muß, obwohl es üblicherweise der Fall ist. Wahrscheinlich ist bei diesem Patienten das stark erhöhte Residualvolumen weniger auf obstruktive als auf restriktive Ventilationsstörungen zurückzuführen.

Es konnte gezeigt werden, daß sich das stabile Stickstoffisotop ^{15}N sehr gut für die Bestimmung des Residualvolumens bzw. zur Aufnahme von Mischkurven eignet und die daruas resultierenden Werte für diagnostische Zwecke nutzbar sind. Die erarbeitete Methode läßt sich als isotopentechnisches Verfahren sowohl in der Vorfelddiagnostik (Früherkennung von Ventilationsstörungen) als auch bei der gezielten Beurteilung des Schweregrades von Emphysemen bzw. des Krankheitsverlaufes bei Asthma bronchiale verwenden und kann als Ergänzung zu bisher bestehenden Methoden der Lungenfunktionsprüfung angesehen werden.

Die Methode der Residualvolumenbestimmung mit ^{15}N entspricht den in der Literatur beschriebenen Gasmischverfahren im geschlossenen System. Nachteile der Fremdgasmischmethoden liegen im unphysiologischen Verhalten der verwendeten Gase (z. B. He, H_2), die als Sekundäreffekte (unterschiedliche Absorption der Gase durch den Organismus, Variabilität der Alveolarwanddurchlässigkeit u. a.) bezeichnet werden. Da sich $^{15}N_2$ physiologisch wie Normalstickstoff verhält, werden diese Sekundäreffekte eliminiert.

Wie aus den Ausführungen hervorgeht, ist der apparative Aufwand erheblich. Für Einrichtungen, die über Emissions- oder Massenspektrometer zur ^{15}N-Analyse selbst verfügen oder Möglichkeiten der Mitnutzung haben, ist die klinische Anwendung der Residualvolumenbestimmung mit ^{15}N jedoch relativ einfach.

Eingegangen am 17. Februar 1982

Literatur

[1] *W. Hartig, H.-D. Carnetzki, H. Faust, K. Hirschberg, K. Jung, P. Junghans, K. Wetzel, H. Willgerodt*, DDR-Med.-Rep. 7 (1978) 563
[2] *H. Gerstenberg, G. Meier* ,u. a. GIT, Fachz. Labor. 18 (1974) 452
[3] *R. Reinhardt*, Dissertation, AdW der DDR, Zentralinstitut für Isotopen- und Strahlenforschung, Leipzig (in Vorbereitung)
[4] *G. R. Meneely, N. L. Kaltreiter*, Proc. Soc. exp. Biol. **46** (1941) 266
[5] *G. R. Meneely, N. L. Kaltreiter*, J. clin. Invest. **28** (1949) 129
[6] *H. Julich, I. Bürkmann, K. Klink*, Spezielle physikalische Arbeitsmethoden, in: ,,Arbeitsmethoden der inneren Medizin" Bd. I, Hrsg.: *R. Emmrich*. Jena: Gustav Fischer 1971

Buchbesprechungen

Niobium: Physico-Chemical Properties of its Compounds and Alloys

O. Kubaschewski (Ed.). Wien: IAEA 1968 (,,Atomic energy review", Special issue No. 2), 202 S.; kartoniert DM 20,— ; US $ 5.00

Tantalum: Physico-Chemical Properties of its Compounds and Alloys

O. Kubaschewski (Ed.). Wien: IAEA 1972 (,,Atomic energy review", Special issue No. 3), 133 S.; kartoniert DM 16,— ; US $ 5.00

Zirkonium: Physico-Chemical Properties of its Compounds and Alloys

O. Kubaschewski (Ed.). Wien: IAEA 1976 (,,Atomic energy review", Special issue No. 6), 268 S.; kartoniert US $ 16.00

Von *O. Kubaschewski* werden seit 1966 Ergänzungsbände zu den Atomic Energy Reviews herausgegeben, die eine umfassende Sammlung und Bewertung thermodynamische und kinetischer Daten einzelner Elemente, ihrer Verbindungen und Legierungen beinhalten. Die Bände Nr. 1 (Plutonium), Nr. 4 (Beryllium) und Nr. 5 (Thorium) enthalten Daten für Elemente, die als Reaktorbrennstoff oder in bevorzugt oxidischer Form als Werkstoff Bedeutung besitzen. Die hier referierten Bände Nr. 2, 3 und 6 beziehen sich auf Elemente, die in der Reaktortechnik vorzugsweise als hochschmelzende Metalle Verwendung finden. Ein Band für Molybdän ist 1980 erschienen, weitere Bände für Titan, Hafnium und Uran sind angekündigt.

Die Datensammlungen umfassen die reinen Elemente, die bevorzugt binären Verbindungen mit nichtmetallischen Elementen, die intermetallischen Phasen und die Legierungen. Die Bände sind jeweils in a) thermomechanische Eigenschaften (Wärmekapazität, Bildungs- und Umwandlungswärme, Umwandlungspunkte, Dampfdrücke und vereinzelt Lösungswärmen und Löslichkeiten), b) Phasendiagramme der binären Systeme, c) Kristallstruktur- und Dichte-Daten für Verbindungen mit Nichtmetallen und für intermetallische Phasen und d) Diffusion in den metallischen Systemen und in Verbindungen (Boride, Oxide, Nitride, Karbide) unterteilt. Die einzelnen Teilgebiete wurden von den im folgenden genannten Spezialisten auf dem jeweiligen Fachgebiet erarbeitet:

- Thermochemische Eigenschaften: *Ya. I. Gerassimov* und *V. I. Lavrentev* (Nb, Ta); *C. D. Alcock, K. T. Jacob* und *S. Zandor* (Zr)
- Phasendiagramme: *O. von Goldbeck* (Nb, Ta, Zr), *D. T. Livey* (Nb, Ta), *P. Feschotte* (Nb)
- Kristallstruktur und Dichte: *R. Ferro* (Nb, Ta), *H. Novotny* und *K. Seifert* (Nb, Zr)
- Diffusion: *A. L. Dragoo* (Nb, Ta), *O. Kubascheswki* (Zr)

Die Datensammlungen erfolgten in einem Umfang und einer Vollständigkeit, wie sie bei Erscheinen des jeweiligen Bandes in keiner anderen Publikation vorlagen. Es wurden jeweils nahezu 1000 Literaturstellen referiert, die Daten in Form von Tabellen, Diagrammen oder Formeln angegeben und viele Angaben kritisch bewertet. Die Darstellung der Daten ist einheitlich, übersichtlich und durch ausreichende textliche Erläuterungen ergänzt.

Die Bände ermöglichen dem Fachmann einen Überblick über den aktuellen Kenntnisstand bezüglich der physikalisch-chemischen Daten und erlauben weitgehende Vorausberechnungen zu solchen Fragen wie Reaktionen der Metalle mit ihrer Umgebung, Herstellung reiner oder legierter Metalle, Möglichkeiten zur Erzeugung der Verbindungen, analytische Charakterisierung von Verbindungen oder Phasen der Metalle. Die Datensammlungen sind daher all den Einrichtungen zu empfehlen, in denen die reinen Metalle Niob, Tantal oder Zirkon, ihre Legierungen oder Verbindungen metallurgisch bzw. chemisch hergestellt oder mit dem Ziel, spezielle Werkstoffeigenschaften zu erhalten, bearbeitet werden. Sie sind weiterhin allen Anwendern der Metalle in der Reaktortechnik oder der chemischen Industrie und den zugehörigen analytischen Einrichtungen zu empfehlen. Schließlich sind sie von Nutzen für die metallurgische Industrie, wenn, wie im Falle mikrolegierter Stähle, Niob, Tantal oder Zirkon zugesetzt werden, um nichtmetallische Verbindungen zu bilden.

I. Kunze

Remote Sensing in Uranium Exploration
Basic Guidance

Vienna: IAEA 1981 (Technical Reports Series No. 208; STI/DOC/10/208). 50 S., 2 Abb., 3 Tab., 58 Lit.; kartoniert ÖS 115,–

In den letzten zehn Jahren haben sich die Verfahren der Fernerkundung (remote sensing) so stark entwickelt, daß sie bei der geologischen Aufnahme von wenig erforschten Gebieten und bei der Suche nach Bodenschätzen eine immer wichtigere Rolle spielen. Selbst in Gebieten, die schon mit klassischen geologischen und geophysikalischen Methoden untersucht wurden, bringt die Fernerkundung völlig neue Ergebnisse und Einblick in vorher nicht geahnte Zusammenhänge. Als naheliegendes Beispiel könnte hier der Flug von *W. Bykowski* und *S. Jähn* mit dem Raumschiff Sojus 31 genannt werden.

Unter Fernerkundung versteht man dabei die Messung oder Aufnahme von bestimmten Bereichen des elektromagnetischen Spektrums (z.B. Ultraviolett, sichtbares Licht, Infrarot, Mikrowellen) aus großer Höhe (Flugzeug, Satellit oder Raumschiff). Die bekannten geophysikalischen Methoden der Messung oder Aufnahme der Gammastrahlung oder des erdmagnetischen Feldes gehören nicht zur Fernerkundung.

Entsprechend dieser Begriffsbestimmung ist die Fernerkundung im allgemeinen nicht geeignet, Vorkommen oder Lagerstätten eines bestimmten Rohstoffes nachzuweisen. Vielmehr besteht ihre Bedeutung darin, den allgemeinen geologisch-tektonischen Bau größerer Gebiete, wie er in den Emissions- und Reflexionseigenschaften der Erdoberfläche zum Ausdruck kommt, sichtbar zu machen. Gerade diese Informationen werden auch bei der Suche und Erkundung von Uraniumlagerstätten besonders benötigt, nachdem die mit direkten Methoden auffindbaren (d. h. bis an die Erdoberfläche streichenden) Lagerstätten zumeist entdeckt sind und neue Funde nur durch eine umfassende Analyse aller geologischen Bedingungen zu erwarten sind.

Die vorliegende Veröffentlichung gibt einen lesenswerten Überblick über die Aufgaben, Möglichkeiten und Bedingungen der Fernerkundung und bereitet den Leser auf das Studium der speziellen Literatur und der bisherigen Projekte vor. Nach einem Überblick über die wichtigsten Typen der Uraniumlagerstätten (10 S.) werden die physikalischen Grundlagen der Fernerkundung und die Meßtechnik übersichtlich dargelegt (14 S.). Es folgen einige Anwendungsbeispiele (8 S.), wirtschaftliche Betrachtungen (4 S.), ein Ausblick auf künftige Entwicklungen (4 S.) und eine Zusammenfassung (2 S.). Das Literaturverzeichnis öffnet mit 58 Zitaten den Zugang zur Spezialliteratur.

Die Spezialisten, die im Auftrag der IAEA diese Schrift zusammengestellt haben, sind ihrer Aufgabe gerecht geworden, eine verständliche Einführung in dieses wichtige Gebiet der Suche und Erkundung von Rohstoffen zu geben.

H. K. Köhler

HANS-DIETER LANGER

Festkörperelektrolytkondensatoren

1982. Etwa 200 Seiten — 80 Abbildungen — 8° — etwa 25,— M
Bestell-Nr. 7630384 (6669)

Die Fortschritte der Mikroelektronik stellen die schärfste Herausforderung für den Hersteller von Kondensatoren dar. Man kann davon ausgehen, daß der Kondensator mit Festkörperelektrolyt auch für die Zukunft einen festen Platz unter den relevanten hochkapazitiven Bauelementen eingenommen hat. Die physikalischen und technologischen Grenzen des Systems sind aber längst noch nicht erreicht.
Der Autor stützt sich mit seiner Abhandlung auf eine langjährige Praxiserfahrung im VEB Kondensatorenwerk Freiberg. Als Leitfaden dienen folgende Gesichtspunkte:

1. Festkörperphysikalische Strukturcharakterisierung
2. Weiterentwicklung der Theorie der Bauelementefunktion
3. Exakte Berechnung wichtiger Verfahrensschrittmodelle

Das Hauptanliegen des Autors ist, bestimmte Trendaussagen zur Bauelementekonstruktion für den Festelektrolytkondensator zu verdeutlichen. Außerdem wird ein Überblick über die werkstofftechnologische Realisierung bzw. Weiterentwicklung von Kondensatoren gegeben. Die methodischen Verfahren und Ergebnisse sind nicht auf Elektrolytkondensatoren beschränkt, sondern auch auf andere Kondensatorbauelemente wie Keramik- und Wickelkondensatoren übertragbar.

Bestellungen durch eine Buchhandlung erbeten

THEORIA CUM PRAXI

AKADEMIE-VERLAG
DDR-1086 Berlin, Leipziger Str. 3—4

Contents of this Issue

Articles

W. Heyne: Investigations on the Separation of Americium and Fission-Products in the System Tri-n-Butylphosphate/Diethylenetriaminpentaacetic Acid 349

G. S. Abdel-Gawad, N. Z. Misak, H. B. Maghrawy, A. Shafik: Column Studies on the Sorption of Radioactive Isotopes by Some Natural Clay Minerals (*in English*) 355

A. D. Gedeonov, A. W. Malyshenkov, A. A. Nosov, N. W. Smirnov, A. K. Shmalko: The Production of the Radionuclide ^{93m}Nb and the Creation of a Low-Energy Neutron-Radiation Source on the Basis of ^{93m}Nb (*in Russian*) 358

S. M. Dave, N. C. Goomer, K. Srinivasa, S. K. Ghosh, H. K. Sadhukhan: Isotopic Exchange between Monomethylamine and Hydrogen I. Determination of Separation Factors (*in English*) 362

T. Szabová, A. Dudová, E. Misurová: The Effect of X-Ray Radiation on the Synthesis and Content of Nucleic Acid in the Spleen and Bone Marrow of Rats 366

Letters to the Editor

R. Reinhardt, H. Faust, J. Schauer: On the Determination of the Residual Volume in Lungs by Means of ^{15}N 370

New Books 371

MIX
Papier | Fördert gute Waldnutzung
FSC® C083411

Zeitfracht Medien GmbH
Ferdinand-Jühlke-Straße 7
99095 Erfurt, Deutschland
produktsicherheit@kolibri360.de